制怒心理学

曾杰 —— 著

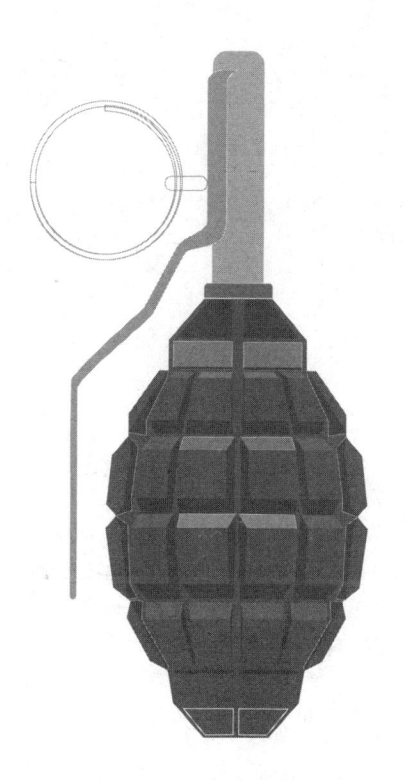

古吴轩出版社
中国·苏州

图书在版编目（CIP）数据

制怒心理学 / 曾杰著. -- 苏州：古吴轩出版社，2019.10
　ISBN 978-7-5546-1404-4

Ⅰ．①制… Ⅱ．①曾… Ⅲ．①情绪－自我控制－通俗读物 Ⅳ．①B842.6-49

中国版本图书馆CIP数据核字（2019）第183481号

责任编辑：蒋丽华
见习编辑：闫毓燕
策　　划：周自立
特约策划：马剑涛　曾柯杰
装帧设计：尧丽设计

书　　名：	制怒心理学
著　　者：	曾　杰
出版发行：	古吴轩出版社

　　　　　地址：苏州市十梓街458号　　邮编：215006
　　　　　Http：//www.guwuxuancbs.com　　E-mail：gwxcbs@126.com
　　　　　电话：0512-65233679　　传真：0512-65220750
出 版 人：钱经纬
印　　刷：大厂回族自治县彩虹印刷有限公司
开　　本：880×1230　　1/32
印　　张：8
版　　次：2019年10月第1版　　第1次印刷
书　　号：ISBN 978-7-5546-1404-4
定　　价：39.80元

如有印装质量问题，请与印刷厂联系：0316-8863998

PREFACE 前言

人是情绪化的动物,常常会因为一点小事而引起情绪的变化。可以毫不夸张地说,人的情绪就犹如阴晴不定的天气一样令人难以捉摸。在这变幻莫测的情绪当中,有一种情绪杀伤力巨大,影响深远,它就是愤怒。

人人都会愤怒。比如,人们在售票处长时间排队,上班路上遇上堵车,在拥挤的公交车上被挤,不小心被他人撞倒……都会莫名地点燃心中的怒火。

那么,人为什么会发怒呢?

要回答这个问题,我们首先要知道何为愤怒。从专业的角度来说,愤怒是生物体在其恒定状态下遭受威胁时的一种自然反应。所谓恒定状态,就是指生物体生理上或心理上力求稳定的倾向。一旦这种状态被打破,愤怒就出现了。

人之所以愤怒,是因为受到了来自外界的刺激,或是因为内心压力过大而出现了不稳定状态。这种状态是经常会出现的,因此,愤怒就成了常见的不良情绪之一。

偶尔的愤怒有助于缓解压抑,舒缓紧张的情绪。不过,值得注意的是,愤怒情绪一旦长期憋在心里,这种能量得不到释放就会对身心造成巨大的伤害。有研究统计，经常愤怒的人的平均寿命要比不爱愤怒的人的短一二十年。因为怒火会让神经长时间处于紧张状态，影响器官功能，肾上腺素也会加速分泌，血液中的胆固醇浓度同样会相应增加，从而引发一系列疾病，影响身心健康。

这是不是意味着我们无法消除愤怒带来的伤害呢？不是的，本书将告诉你一个事实——愤怒情绪是可以管理的。

我们知道，愤怒不是凭空发生的，也不是独立存在的。它由害怕、不安、怨恨等情绪引发而来。只要我们耐心地寻找愤怒背后的原因，自然就可以避免愤怒或获得化解它的方法。

本书从揭示愤怒的真相开始，告诉你愤怒的含义、原因及影响，接着详细地分析了生活中常见的七种不同类型的愤怒及其排解方式，最后用了两章的篇幅论述如何改变自己扭曲的思维方式，重建内心的管理方式，化愤怒于无形，从而获得内心的安定、自信与力量。

总之，要想管理好自己的愤怒，需要一些毅力和自我觉察意识。我们相信，一旦你了解了愤怒的诱发机制，你就可以更好地处理愤怒情绪，并将愤怒转化为美好生活的积极力量。希望借助本书，你可以有效抑制自己的愤怒，改善与身边人的关系，真正过上幸福平和的生活！

CONTENTS 目录

第一章 揭示真相：愤怒是怎样一种心理状态

何为愤怒？从婴儿的啼哭说起　　002

愤怒产生的生理基础——压力激素　　006

愤怒的外界因素——刺激过度　　009

人在愤怒时，会有哪些表现　　012

过度愤怒会带来极大的身心伤害　　015

愤怒的另一面——健康状态下的有益性　　018

【心理测试】诺瓦科愤怒量表　　021

第二章 迁怒于己，内向者的自卑心理表现

苛责自己是自我愤怒的内因　　028

自我愤怒者的行为模式　　031

内向型愤怒的分级：适度性与过度性　　037

愤怒向内发泄的三个典型特征　　040

排解内向型愤怒的有效方式　　043

愤怒后引发的内心抑郁　　046

【心理测试】自卑心理程度测试　　050

第三章 习惯性发怒，多缘于愤怒者的"假想敌"

习惯性发怒源于父母行为　　　　　　　　054
习惯性发怒的内因：无端揣测和过度消极　057
当抱怨成为一种习惯　　　　　　　　　　061
遏制不良习惯，远离无意识的愤怒　　　　064
运用塞利格曼乐观主义驱散怒火　　　　　068
【心理测试】情绪化人群自测表　　　　　071

第四章 故意释放怒火，伪装下的不良意图

维护自身形象的怒火　　　　　　　　　　076
故意发怒的真实意图——诉求权利　　　　079
愤怒带来安全的距离感　　　　　　　　　082
故意发怒获得诉求，也付出代价　　　　　085
改变内心，没有怒气的生活会更美好　　　088
【心理测试】自我控制能力小测试　　　　092

第五章 骤然暴怒，自我失控的危险行为

暴怒者的内心：我为什么失控　　　　　　098
愤怒带来的暴力冲动　　　　　　　　　　101
几种避免暴力行为的策略　　　　　　　　104
保持内心平和，提升良好的自我控制力　　108
【心理测试】冲动行为心理测试　　　　　111

第六章 不安而怒，因恐惧而"迎战"的另类反应

不良情绪的孪生兄弟：恐惧与愤怒　　116
怀疑和妄想，引发不安的怒火　　118
愤怒是恐惧者投射的假面具　　121
四个步骤改变投射攻击型的愤怒方式　　124
学会信任，彻底释放内心恐惧　　129
【心理测试】恐惧情绪心理测试　　133

第七章 义愤过度，优越感引发的心理不适

公平和正义下的义愤者　　138
正确看待内心的道德优越感　　142
培养共情力，告别无缘无故的指责　　145
学会与指责者和睦相处　　148
放下固执，变通是化解彼此怒火的纽带　　151
【心理测试】心理承受能力测试　　154

第八章 仇恨激发愤怒，无法挣脱的内心束缚

仇恨的形成条件及其特征　　160
困在仇恨里的愤怒之火　　164
怨愤，基于怨恨产生的反应定势　　167
放下内心的仇恨，给愤怒一个出口　　170
原谅是消除仇恨的一剂良药　　173
【心理测试】心理报复指数测试　　177

第九章 ⟶ 摆脱扭曲的思维，将怒火扼杀在摇篮里

刻板的"非黑即白"思维方式　　　　　182
过分概括思维：愤怒者可预见未来　　　186
愤怒者的个人化思维倾向　　　　　　　189
扩大的灾难化思维让情绪更糟糕　　　　192
不合逻辑的情感推理　　　　　　　　　197
【心理测试】你属于哪一种思维模式　　201

第十章 ⟶ 重建内心管理方式，超越心中的愤怒

剔除阻碍改变愤怒的内心思想　　　　　204
培养自我同情化解愤怒　　　　　　　　209
ABC情绪疗法：改变非理性观念　　　　214
消除挫败心理，浇灭引爆愤怒的引线　　219
运用正念的力量克制怒火　　　　　　　223
【心理测试】自我管理能力指数测试　　228

附　录 ⟶ 232

后　记 ⟶ 243

第一章

揭示真相：愤怒是怎样一种心理状态

没有人能不生气，你可能见过一个人暴跳如雷，也可能见过一个人一言不发，其实，这两种行为模式都是人愤怒时的表现。愤怒作为情绪的一种，它是什么原因导致的？会有怎样的表现？会带来哪些影响呢？本章将带你详细地了解愤怒，了解人的这一特别的情绪。

⚡ 何为愤怒？从婴儿的啼哭说起

说起愤怒，你可能再熟悉不过了。事实上，每个人都深深地体会过愤怒的感受。不过，如果要问你："愤怒是什么？"你很可能会抓耳挠腮地思索片刻，然后说："愤怒，就是生气！"甚至你还会描述各种生气的场景或是表现。不过，这里要告诉你的是，愤怒并非仅仅生气这么简单。

那么，究竟何为愤怒呢？

1. 愤怒是一种心理需求

我们知道，人都是有需求的，而且会通过语言、表情、动作等来展现自己内心的这种需求。愤怒时的表情，自然也属于内心需求的一种表现。这一点从婴儿的啼哭中就能得到证明。

愤怒作为一种情绪表现，从婴儿开始就已经具备。通常认为，婴儿出生三个月后就开始出现愤怒的表现，这种愤怒的表现是婴儿身体或心理受到限制时所产生的反应。比如，当婴儿想要吃奶的时候，求抱抱的时候，试图探索周围环境的时候，想要安静入睡的时候，或是想玩玩具的时候，都会用哭闹、愤怒等方式表达自己心中的需求，这种愤怒被认为具有积极的意义，见图1-1。

```
内心需求 ──得不到回应──→ 产生不适 ──被无视──→ 愤怒发生
饿了，想玩 ─────────────→ 哭闹 ─────────────→ 大哭不止
```

图1-1　愤怒产生的过程

婴儿的这些需求如果得不到回应，就会产生不适感。如果继续被无视，那么，婴儿的哭声就会越发响亮，他们用这种愤怒来表达抗议。这种从不适到愤怒的过程是每一个婴儿都会经历的。人最初的"愤怒"从此刻也就形成了，虽然此时的"愤怒"并非真正意义上的愤怒。

之后，随着年龄的增长以及心理的发展，人的自我意识逐渐萌发且不断成熟，我们不再只通过哭声来表达愤怒的心理需求了。但无论用怎样的方式，愤怒都是其中的一种。而且这个时候，我们能够认识并处理自己的愤怒，甚至将消极的愤怒变得有意义。

2．愤怒是一种情绪，会产生能量

其实，人的情绪并不仅限于愤怒，除此之外，还有快乐、悲伤、惊讶、恐惧、厌恶等。与这些情绪比起来，愤怒称不上坏，但也绝对不能说好。

人都有情绪化的一面,愤怒作为情绪的一部分,经常在上演。比如,开车时因为对方抢道而出现的"路怒",工作时被噪音打扰产生的烦躁,家庭中因琐事而发生的争吵,等等。

那么,我们有可能把愤怒彻底地消除吗?如果你有这样的想法,请尽早放弃!因为这是不可能实现的。所有的情绪在人的生命中都有它合适的位置,也正是因为情绪的多变,生活才变得更加丰富多彩。所以可以肯定的是,愤怒是一种常见且不会被彻底消除的情绪。

愤怒还会产生能量,这种能量主要体现在两个方面:一方面是给我们带来伤害,另一方面则起到激励的作用。关于愤怒的激励作用,将在下面的小节中具体阐述。

3. 愤怒是一种难受的心理体验

愤怒会产生能量,这种能量带来的直接后果之一就是造成身心伤害。比如,当你认为某些人或某些情况威胁到你的安全,或是导致你的利益受损,或是家人可能受到伤害时,愤怒情绪就发生了。而当愤怒产生的时候,你的感受、想法和生理反应交织在一起,形成了高度的紧张感,你就很可能会有冲动的想法或者做出冲动的事情。在这个过程中,你的身心无疑是处在一种难受的境地。

事实上,大多数愤怒都是由内心的羞耻、焦虑、挫败、受伤、负罪等引起的,或者说,愤怒时我们的内心都会存在以上某一种或多种感受。

> **心理学知识拓展**
>
> 愤怒是生物体在其恒定状态遭受威胁时的一种自然反应。所谓恒定,是指生物体在生理上力求稳定的倾向,比如,肚子饿了,温度变化过大,我们的生理机制就会自动调节,以恢复稳定状态。愤怒的诱发方式也是如此。

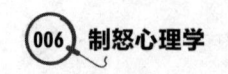

⚡ 愤怒产生的生理基础——压力激素

人人都会愤怒，但我们究竟为何愤怒呢？简单来说，就是当我们的内心需求无法得到满足时就会发生愤怒。如果想更全面和深入地分析愤怒产生的原因，它可能要复杂得多。

愤怒不仅是内心需求得不到满足的表现，同时也是生物体在其恒定状态遭受威胁时的一种自然反应。这个反应也可以用生理上的"压力激素"来解释。我们知道，人体是一个很神奇的组织，天生有着一种自保机制——战斗或逃跑反应。比如，当一条狗追你时，或是老板找你谈话时，你的身体就会自动进入备战状态，动员身体的各个机能来应对这种可能的危险。

那么，当我们进入这种状态时，身体会发生什么变化呢？

首先，我们的肾上腺素会飙升，而且会迅速释放到血液中，这时身体就会出现急剧的变化，如心跳加快、出汗、肌肉的血液流量大增、瞳孔放大等。身体做出这些反应，就是针对外来的威胁做的准备。

举个例子来说，我们常常能够看到许多父亲在孩子遇到危险时的超常反应，比如，孩子在即将摔倒的那一刻，一旁的父亲就好像提前预感到了一样，快速地一拽孩子使其转危为安。其实，这就是肾上腺素激增的作用，它会让我们变得像正在掠食或正在战斗的猛兽一样，既非常敏锐，又勇猛异常，不惧任何危险。

不过，有一点我们需要注意，肾上腺素的飙升能够让我们很好地面对威胁，但此时我们的理性思维往往会降低，思考的重点是如何"迎战"，至于会带来什么后果，我们则无暇顾及。此时身体仿佛在说："你想喝酒庆祝或是抹眼泪，待会儿有的是时间，现在，尽全力去做再说。"

愤怒，作为应对外界威胁的一种本能反应，是身体在几秒钟之内做好的"迎战"姿态。它与战斗或逃跑反应原理是一样的，只是结果不同而已。也就是说，受到威胁时我们可能会愤怒，也可能会进行战斗或逃跑。

当愤怒发生时，愤怒对身体也同样会产生影响。愤怒对身体的刺激，最初开始于中枢神经系统，随后在外周神经系统做出更多的反应。比如，外周神经系统中的躯体神经系统，它能够指导感觉和运动器官，让人变得敏锐，力量强大。另外，外周神经系统中的自主神经系统，则主要通过交感神经系统和副交感神经系统对内部器官起作用，如心跳加快、血液流动加快等，如图1-2。

```
中枢神经系统 → 外周神经系统 ┬→ 躯体神经系统 → 指导感觉运动器官 → 变得敏锐 力量强大
                          └→ 自主神经系统 → 影响内部器官 → 心跳加快 血液流动加快
```

图1-2　愤怒对身体的刺激过程

此外，我们的神经系统还控制着能够分泌激素的腺体，如前面说到的肾上腺素，这些激素的释放反过来向神经系统传递出"赶紧做好准备"的信号，于是我们身体的应急反应就这样被激活了。

因此，每当我们愤怒的时候，会无所顾忌地说出或做出让我们后悔的话语或行动，这正是生理上分泌的激素导致的。可见，愤怒的产生有着复杂的生理因素，它会使我们的身体陷入大混乱之中。所以，请好好善待你的情绪，尽量少一些愤怒吧！

心理学知识拓展

　　胜败反应是一种对外界刺激瞬间发生的反应，属于人类心理应激性范畴。通常胜利者会表现出高举双臂，大声欢呼甚至长啸，高傲地挺起胸膛，环顾四周，炫耀等行为。失败者的表现则完全相反，精神上无精打采，不关心新的事物或信息，身体上则呈现出自然散落状，头、躯干、四肢都会在重力的作用下向下低沉，头不会昂起，双手不会高举，站立也不笔直等。

⚡ 愤怒的外界因素——刺激过度

愤怒是生理上产生了一系列反应的结果，而生理反应是受到外界刺激导致的。所以，愤怒除了生理上的因素外，还与外界因素息息相关。即内因和外因两种因素结合起来对愤怒产生作用。

婴儿因为受到意识和行动的限制，只会通过哭来表达愤怒。但是，对于成年人来说，我们不仅可以通过语言、表情、动作来表达意愿，还能在一定程度上掌控身边的环境。可是为什么还是无法彻底控制愤怒呢？这就是因为过度的外界刺激无时无刻不在发生。

现在，就让我们来设想一个情境：

你是一位都市上班族，每天都要接送孩子上下学。自己的工作也很忙，时间被安排得很紧密。有一天，学校突然通知下午放学后有一个家长会，需要你亲自去参加。本来你的时间就已经安排满了，这件事并不在你的计划范围之内。下了班之后，你只好将一个重要的聚会推掉了，这让你感到很可惜。但是，你还是开着车去往学校。不巧的是，由于下班高峰遇到了堵车，你的车在路上动弹不得，你只好坐在车里干着急。更不巧的是，你的车子空调出了点问题，吹出来的风有异味，你只好把冷风关了，打开窗子忍受燥热的空气。这个时候你突然渴了，结果却发现车上没有水，于是你开始烦躁起来了。车子还是不见走动，你坐在车里想：这堵车啥时候才能通啊，会不会赶不上家长会了，真是热死了……你越想越烦躁，甚至用手捶打方向盘。

毫无疑问，你愤怒了。因为你最迫切的心理需求没有得到满足，你内心的恒定状态被打破了。

你以为这事就这样糟糕下去了，然而让你出乎意料的是，一个电话之后，事情出现了一百八十度的转变。你的爱人打来电话说，他（她）在家长群里看见要开家长会，如果你没空，就让他（她）去吧，今天他（她）公司的重要会议改期了。当你听到这个消息后，你的愤怒顿时消除了一半，接着路开始畅通了，你开着车吹着风，一种畅快的感觉让愤怒消失得无影无踪。回到家后，你打开冰箱，一瓶冰镇饮料下肚，所有的烦恼都烟消云散了。

通过这样一件事可以看出，人的情绪是会随着环境而改变的。最初，当环境过度刺激你的时候，你的愤怒产生了。而在后来的发展过程中，你由起初的愤怒，到后来的平息，也是环境的改变让你内心的恒定系统又恢复正常了。

心理学知识拓展

　　回避愤怒者，是指面对愤怒选择回避的一类人群。他们最初故意回避愤怒，或者忽略、抑制住愤怒，很小心地不让别人察觉自己的愤怒，或者故意不让别人知道自己什么时候愤怒了。有些回避愤怒者有时会几小时，甚至几天把愤怒闷在心里。他们怀恨对方，不愿原谅他人。

⚡ 人在愤怒时，会有哪些表现

大多数愤怒带来的都是身心的伤害，所以我们不仅要极力地避免愤怒情绪的产生，还要努力地寻找让内心平静下来的方法。我们经常告诉自己：当愤怒来临的时候，只要及时转变看法，克制自己的行为，找到合适的方式，就能平静下来，愤怒问题就能得到解决。然而，现实的情况很可能是任由愤怒在心中发酵，或是通过不理智的方式将其表现出来。

接下来，我们就来谈一谈人在愤怒时会出现的一些表现。

（1）生理反应。即身体对于愤怒情绪的反应。比如，暴怒时会心跳加快、面红耳赤、呼吸急促等。

（2）认知反应。即大脑的反应倾向，也就是说，面对愤怒时我们会产生怎样的看法，是倾向于积极地应对还是逃避，是正面地看待还是消极地看待。

（3）行为举止。即我们生气时所表现出来的行为。比如，大喊大叫，乱扔东西，甚至产生暴力行为。

下面用一个表格来描述这三类反应的不同表现，见下表。

生理反应	认知反应	行为举止
心跳加快、面红耳赤	这件事真不是我做的	身体微抖
头晕、呼吸急促	这真是太气人了	手摸额头，下蹲
胃疼	为什么总是针对我	大喊大叫，扔东西
喉咙发紧	没有人能理解我	闷闷不乐，安静地坐着

不适当的愤怒总会出现一些信号。以上这些反应有些是显而易见的，比如，当他人误会你做了坏事时，你就会心跳加快，在争吵的过程中，你会面红耳赤、呼吸急促，如果任由愤怒发展下去，你甚至会大喊大叫，发生暴力行为。不同的反应代表了你愤怒程度的不同，你所能做的就是尽量控制自己，避免愤怒将你带入更危险的境地。

不过，愤怒的反应或是信号也有不那么明显的情况。比如，为了说服别人认可你的观点，你滔滔不绝地说了很长时间，最后别人还是反驳你。你可能会出现一时的喉咙发紧，然后放弃说服，心里闷闷不乐。你这种轻微的愤怒，就很难让人觉察，或者你根本就不想让人觉察。

现在，请你回想一下，当你开始变得愤怒或是愤怒至极时，你会出现怎样的反应。

◎生气时，你在想什么？

◎你会对自己做出哪些忠告？

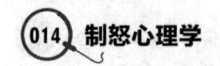

◎你会有哪些举动?

你的这些想法或行为,是更偏向于积极,还是更偏向于消极。如果负面的想法或行为比较多,那么,是时候鼓起勇气改变自己了。你必须承认自己的不完美、会犯错、易愤怒等缺点。这些缺点会让你与世界对抗,伤害你喜欢的人,让你过着不愉快的生活。改变,就从这一刻开始吧!

心理学知识拓展

愤怒管理的RETHINK技能

R(Recognize)识别:识别你的愤怒及其产生的原因。

E(Empathize)移情:换位思考,多考虑对方的处境。也就是要用心聆听。

T(Think)回想:试着以平和的心态回忆当时的情境以及你愤怒的合理性。这个过程中,善用幽默,有助于更好地重构情境和减少紧张。

H(Hear)聆听:全神贯注地体会对方的语言和非语言表达。

I(Integrate)整合:做出回应时要尊重对方。不要一味地指责对方,要多从自身找问题,多想想自己的责任。

N(Notice)注意:注意观察愤怒时自己身体的不良反应,以及能够以何种方式来稳定情绪。

K(Keep)专注:专注于当前的问题。

⚡ 过度愤怒会带来极大的身心伤害

愤怒是一种情绪状态，我们时常会愤怒，它是日常生活中普遍且常见的情绪之一。愤怒和其他情绪一样都是自然的生理反应。但是如果我们不能很好地控制愤怒，过度愤怒就会给身心造成不同程度的伤害。

具体来说，当我们愤怒的时候，以下几种危害是比较常见的。

1. 失去理智，情况变糟糕

愤怒会让人失去理智，影响我们理性地思考问题。试着想一想：每当你发怒的时候，你能够理智地思考当下遇到的问题吗？你做出的选择是对的吗？达到了最好的效果吗？经过认真思考，你会发现愤怒时的大多数行为都会令你后悔，这就说明了在愤怒状态下，你的想法和决策很难达到最佳状态。

对于高情商人士来说，他们往往能很好地控制自己的愤怒，从而在心平气和的状态下，轻松地处理各种问题。

然而，你可能会说，在面临极度不公平或是威胁时，怎么可能不愤怒呢？可是大多数人的愤怒都没有起到有效的作用，只有极少数人成功了，可那是因为他们非常自律、头脑清醒，与其说是"愤怒"带来的成功，不如说是"理性"更为恰当。所以，如果你不属于那极少数的人，就尽量控制自己的怒气吧！

2. 引起心血管疾病

当下，健康问题日益突出，这不仅仅是食品安全和环境因素带来的问题，还涉及压力、情绪等其他方面的因素。许多研究发现，愤怒情绪与心血管疾病有诸多关联。比如，肌肉紧张，心跳、呼吸加快，肾上腺素增多，肌肉血流量增多等。这会导致血压增高，血流经动脉的力度变强，导致血管壁受到磨损，脂肪酸、葡萄糖以及其他物质就会黏附在血管壁上。时间一长就会堵塞血管，使血流量减少，心血管疾病就产生了。

有一项研究，通过对于上百位测试者进行长达25年的追踪后发现，愤怒程度高的人患冠心病的概率是愤怒程度低的人的4～5倍。因此，如果你长期有愤怒的习惯，请随时关注身体的变化，时刻提醒自己不要再生气了。

3. 造成紧张的人际关系

愤怒最常见的影响就是使人际关系变得紧张。生活中，没有人喜欢接受他人的愤怒。如果你总是盛气凌人，那么你的人际关系一定比较糟糕。

因此，你非常有必要反思一下：自己是否经常对身边的人发泄怒气？如果答案是肯定的，那请试着不再愤怒，以包容和变通的方式对待他人，你一定会受益良多。

4. 引发暴力行为

我们经常能听到家庭暴力、虐待儿童等令人感到唏嘘的事件。这些事件的发生无不与愤怒情绪有关。一个人在极度愤怒的时候，就很容易出现攻击性行为。

比如"路怒症"，当你开车行驶在路上的时候，突然有人不遵守交通规则，且连续多次地干扰到你，你心中的怒火就会爆发，暴力行为随之到来，后果或轻或重，你都需要为之付出代价。因此，控制愤怒是减少暴力行为的有效途径之一。

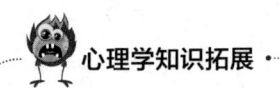

> **心理学知识拓展**
>
> 暴力倾向，是某类人具备的一种特质。从科学角度来说，敌视心理、大脑损伤以及童年时期遭受过身体摧残等因素决定了一个人暴力倾向的程度。如果这三种因素皆有，则说明一个人暴力倾向非常高；如果只具备其中一个或两个因素，暴力倾向则较低一些。具有暴力倾向的人遇事倾向于用武力解决问题，习惯以暴易暴，他们认为以理服人、以德服人是多余的。

⚡ 愤怒的另一面——健康状态下的有益性

在大多数人的认知里，愤怒都属于负面情绪，应该完全遏制。其实，如果你能理性地看待愤怒，你会发现愤怒还有有益的一面。也就是说，如果你能驾驭情绪，不让愤怒爆发，愤怒也能产生积极的、创造性的影响。

1. 愤怒促使建设性行动的发生

每个人的情绪都会出现波动，愤怒作为情绪发泄的一个出口，会促使我们采取积极的行动去面对问题。当然前提是我们能够控制愤怒，理智的人发怒不是为了伤害那些令人愤怒的人，而是采用这种方式解决问题。

比如，在美国有这样一个组织——反酒后驾驶联盟。这个组织的诞生就是因为一位母亲的愤怒。故事是这样的：

美国的一位母亲目睹自己的孩子被醉酒者驾的车撞倒在眼

前，失去孩子的母亲还未从伤痛中走出，又得知法院轻判了醉酒者，醉酒者之后依旧喝醉酒开车。这位母亲为此十分愤怒，决定成立一个反酒后驾驶联盟。

该组织成立后，有越来越多人的加入，最后在全美国有了上百个分支机构。每当有醉酒者被审判时，这些机构的人员就会进入法院旁听，而这种压力使得法官不得不考虑再三，做出合理的判决。后来，这个组织还促使州立法院设立更加严厉的酒后驾驶处罚条例。

以上这些变化无不与这位母亲的愤怒有关。可见，很多时候愤怒在理性思维的引导下，能够促进建设性行为的发生。

2. 愤怒促进情绪管理能力的提升

每个人表达愤怒的方式都存在差异，如果你能智慧地、理性地表达自己的愤怒，那么愤怒就无所谓好坏，甚至还有益于情绪健康。

愤怒就好比是一种充满敌意的巨大能量，会带来怎样的后果，完全在于个人如何把控，或者说主要看个人的情绪成熟度。所谓情绪成熟度，是指在引发愤怒的情境中能够预见情况的发生，并将愤怒往好的方面转化的能力。通常一个情绪成熟度高的人，能轻易地把愤怒的巨大能量引向创造性、建设性的方向。

因此，情绪管理能力十分重要，而愤怒可以使我们在情绪管理方面得到锻炼。一旦我们具备了建设性地应对愤怒的能力，不再因为压力和焦虑轻易出现愤怒的情况，那么，说明我们的保持情绪健康的能力得到了进一步的提升。

> **心理学知识拓展**
>
> 　　健康愤怒，是指一个人能够理性地对待自己的愤怒，并做出正确的反应，而不是不知所措。它通常是表达情绪、想法及生理感受，或是辨明内心深处真正的渴望、需求和价值取向的一个信号。一个人的愤怒是否健康，取决于他能否合理地宣泄怒气，学会同情他人，原谅他人。

心理测试　诺瓦科愤怒量表

雷蒙德·诺瓦科是20世纪70年代首创"愤怒管理"一词的美国心理学家，他制定了衡量愤怒的标准——诺瓦科愤怒量表。

下面列出了引发愤怒的各种情境。在每一种情境后面的括号内，请按照自身情况选择相应的分数填上（具体评分规则见第26页），最后统计所得总分，得出结果。需注意，只需要根据你自己一般的反应进行回答就好，因为在真实的情境中，可能会受到其他因素的影响，这里我们暂且不考虑这些因素。

1. 你进入一家餐厅就餐，15分钟过去了，也没有服务员前来招待你。（　）

2. 你被维修人员欺骗了，多花了不少钱。（　）

3. 你被当作错误典型，受到批评，而其他犯错的人却安然无恙。（　）

4. 你的车陷进了泥浆里或雪坑里。（　）

5. 你想小憩或者读书，但是周围的人在大声说话。（　）

6. 在争执的过程中，你被对方骂为"蠢货"。（　）

7. 你明明说的是事实，但有人说你在说谎。（　）

8. 别人借你的车，用掉了三分之一的汽油，对方既没有给你钱作为补偿，也没有把油箱加满。（　）

9. 听说你身边认识的某个人被法律剥夺了某项权利。（　）

10. 老板借口工作需要，要求员工主动加班。（　）

11. 生活中遇到了自以为是的人。（　）

12. 你买了一个新的电器，通电后发现是坏的。（　）

13. 你赶时间写报告的时候，电脑却死机了。（　）

14. 你两手拿着咖啡回到座位，有人不小心撞了你一下，咖啡洒出来了。（　）

15. 上级或者领导拒绝听取你的意见。（　）

16. 约会的时候，被对方放鸽子了。（　）

17. 你开车去机场接朋友，在途中遇到一辆大货车正在调头，你必须等待一会才能通过。（　）

18. 在餐厅就餐，环境吵闹和杂乱。（　）

19. 看见别人欺负老实人。（　）

20. 你晾在院子里的衣物，被人碰到地上去了，对方没有捡起来。（　）

21. 你开着车在路上以70公里/小时的速度行驶，结果后面的车把你撞了。（　）

22. 你把自己喜欢的书借给朋友,但他忘了还给你。( )

23. 你被人扇了一巴掌。( )

24. 因为某件事情,你在众人面前受到批评。( )

25. 你努力让自己的注意力集中起来,可是旁边的人总在做小动作。( )

26. 你准备开车上班,却发现车子无法启动。( )

27. 你去商店购物,销售员过于热情,始终缠着你介绍产品。( )

28. 你期望在工作中能取得好业绩,可是发现难度太大了。( )

29. 他人想让你产生内疚感。( )

30. 在工作中,凭借能力你本应该得到提升,可是因为你不善于处理人际关系,只能待在原来的岗位继续工作。( )

31. 你对他人说话,对方却不回应你。( )

32. 媒体对某名人进行有倾向性的报道,企图损害其公众形象。( )

33. 在使用锤子的时候砸到手了。( )

34. 被他人取笑或者受到奚落。( )

35. 约好了见面,不料对方在最后一分钟爽约了。( )

36. 看见他人过分地训斥别人。( )

37. 在等红灯时,后面的车辆一个劲地按喇叭。( )

38. 看见虚情假意的人。( )

39. 你因为突然走神,在停车场差一点撞到他人的车,他人对着你喊:"你会不会开车?"( )

40. 与人争吵的时候，被对方推了一把。（ ）

41. 你很努力地工作，却得不到肯定。（ ）

42. 别人犯的错，你来负责。（ ）

43. 来到停车场，发现车被警察拖走了。（ ）

44. 排队买电影票的时候，有人插队。（ ）

45. 假如你出门在外，用身上最后的几枚硬币拨打电话，可是还没拨完号码就断线了，硬币也被吞了。（ ）

46. 你被迫按照他人的思路去做事情。（ ）

47. 在赶路的时候，衣服被刮破了。（ ）

48. 你喜欢一个人，对方却给你暗示：你配不上他。（ ）

49. 被专家误导或欺骗。（ ）

50. 在清洗心爱的杯子时，不小心把杯子摔碎了。（ ）

51. 销售员故意把有瑕疵的商品卖给你。（ ）

52. 孩子把玩具丢得满屋都是。（ ）

53. 有人在背后议论你。（ ）

54. 你听说某个有钱人总是偷税漏税。（ ）

55. 商人抓住人们的需求牟取暴利。（ ）

56. 走过人群时被嘲笑。（ ）

57. 走路的时候，不小心踩到了口香糖。（ ）

58. 领导告诉你，你表现不好。（ ）

59. 在观看一场球赛时，有一方的球员有粗暴的行为。（ ）

60. 你刚拖完地，地上就被人踩了很多脏脚印。（ ）

61. 你正追着剧，突然停电了。（ ）

62. 你急着赶往目的地，可是前面的车子慢悠悠地在快车道上行驶，且让你无法超车。（ ）

63. 有人扯掉了你汽车上的天线装饰。（ ）

64. 停在你旁边的车开门时，把你的车撞掉了一点儿漆。（ ）

65. 某人总是压制你，处处抢你的风头。（ ）

66. 遇到自我吹嘘的人。（ ）

67. 在餐厅就餐时，上菜顺序错了。（ ）

68. 穿着衣服被人推下了游泳池。（ ）

69. 你忙碌了一天，另一半却埋怨你没有做到承诺过的事。（ ）

70. 有人对你说："去死吧！"（ ）

71. 在你和他人争论的时候，有人想参与进来。（ ）

72. 有人对着你吐口水。（ ）

73. 你试图和同事讨论某件重要的事情，但对方不给你说话的机会。（ ）

74. 被迫做自己不想做的事情。（ ）

75. 输掉了你看重的比赛。（ ）

76. 你看见有人对他人存在偏见的行为。（ ）

77. 下雨天，一辆车飞驰而过，溅了你一身水。（ ）

78. 你的穿着被他人嘲笑了。（ ）

79. 讨论一件事情时，对方在一无所知的情况下争论不休。（ ）

80. 起身的时候，腿不小心磕到了茶几。（ ）

评分规则

轻微烦恼（极小的）——1分

有点烦恼——2分

感到恼怒（中度的）——3分

相当愤怒——4分

非常愤怒（极端的）——5分

结果分析

（1）0~220分：说明你的表现良好，是一个情绪稳定的人，基本没有愤怒问题。

（2）221~280分：说明你存在中等程度的、较明显的愤怒情绪，是一个比较容易愤怒的人，在生活中要适当地学会控制自己的情绪。

（3）280分以上：说明你的愤怒程度很严重，是一个极其容易暴怒的人，你需要及时采取措施稳定情绪，才能获得健康。

第二章

迁怒于己，内向者的自卑心理表现

有时候，你会发现，莫名地对自己很生气，甚至特别讨厌自己。这种愤怒我们称为内向型愤怒。这类人通常把心中的愤怒以转向自身的方式发泄出来，结果使自己深受伤害。其实，只要我们不过分苛责自己，了解内心愤怒的因素，改变自己的行为模式，就能排解愤怒，获得快乐。

⚡ 苛责自己是自我愤怒的内因

你是一个追求完美的人吗？你是一个严格要求自己必须做到"今天一定要比昨天好"的人吗？或许很多人都有追求完美的想法，即便有些人已经表现得很出色，但他们依旧觉得自己做得不够好，需要更加努力。

其实，严格要求自己并没有错，谁都想变得更加完美。但如果这个度把握不好，就会变成对自己的苛责。一般来说，苛责自己的人有可能是性格使然，也可能是消极情绪所致。

适当的自责并非坏事，但超过某个度就会带来负面情绪，使人深陷烦躁、愤怒、抑郁等不良状态之中。因此，一个人苛责自己，是不利于身心健康的，尤其是在情绪上带来的愤怒，极易造成心理伤害。

那么，为什么苛责自己会产生愤怒呢？

我们知道，喜欢苛责自己的人多少有些完美主义，他们总是能够从自己身上找到不完美的地方。比如，整理完桌面，发现一处别人根本注意不到的地方有一根发丝；驾照考试时别人都是一次性通过，自己却要重考一次才过，为此感到很受打击；打碎一个杯子，就唉声叹气说自己真没用……

如果你经常有这样的想法，那么说明你的愤怒主要源于你的内心。无论做任何事情，你都对自己的行为感到不满和自责，这种自责正是引起你愤怒的原因。因为你总是怀疑自己，否定自己。

愤怒的人往往容易伤害自己。试想，如果你用对自己的苛责去对待别人，会有什么后果？可以肯定的是，没有人喜欢跟你交往。苛责自己同样危害巨大，你会失意，会愤懑，甚至会回避责任和挑战自己。因为你的自责过于严厉，目标难以实现，情况越来越糟，一天比一天愤怒。

因此，你非常有必要认真思考自责是否有必要。如果你想过得更舒适一些，那么，不妨学学这三种方法停止自我苛责。

1. 在感受中学会释然

苛责自己的人，情绪是很不稳定的。他们随时可能因为某一种不满而自责。这种情绪，也许是愤怒，也许是懊恼。这个时候，只需要让自己沉浸在情绪中，用心去感受它。当情绪过去了也就释然了。

2. 消除内心苛责的声音

不断地自我苛责就像有一只苍蝇在耳畔不断地"嗡嗡"叫一样

令人难受。对此，你不妨把这只"苍蝇"放进玻璃瓶，盖上瓶盖，这样你就把苛责隔离了。具体操作方法，就是转移注意力。当你苛责自己的时候，不妨想想自己的优点，取得的成绩，这样你就会觉得自己并没有那么糟。

3. 进行冥想，净化内心

进行冥想，能够让自己在困难的环境中依然保持内在的安宁。这对于转移苛责产生的不适感有很好的帮助。通过冥想，确实可以停止自我苛责，接纳自己，与自我和解。不过，冥想需要长期坚持才有效。只是能坚持多长时间，就取决于你自己了。

· 心理学知识拓展 ·

完美主义人格，是九型人格中的一种。拥有这种性格的人最大的特点就是追求完美，他们不仅对别人的要求严格，对自己的要求更苛刻。他们注重细节，精益求精，几乎事事追求完美，不惜为此呕心沥血。他们认为必须用正确的方法做正确的事，具有强烈的是非与道德观念。在批评他人的同时，也非常喜欢反省自我，且因为害怕犯错而瞻前顾后。

⚡ 自我愤怒者的行为模式

内向性格的人，常常容易对自己生气，他们的愤怒很多时候是内隐的，不轻易表露出来。这种向内的愤怒在心里积压久了，情绪就会变得抑郁。

我们都知道，患有抑郁症的人通常会通过过激的行为来伤害自己，以此来减轻精神上的痛苦。实际上，这种方式一定程度上让痛苦变成了真实的存在。

如果你有这种倾向，那么说明你有可能离抑郁症不远了。一方面，你应该咨询心理医生，或者找亲人好友聊一聊，以化解心中的抑郁；另一方面，你应该停止向自己发泄愤怒。

通常来说，内向者的愤怒通常比其他类型的愤怒伤害更大。内向愤怒者很多时候意识不到自己已经很生气了，或者说在爆发之前习惯忽视自己的怒气，其实，这个时候心中的怒气已经开始伤害自己了。当一个人自我发泄愤怒的时候，可能会产生以下几种行为模式。

1. 自我忽视行为

当你不喜欢某个人或是某件事时,最好的办法就是选择忽视,这样你就可以保持心情的愉悦。比如,对于孩子你越是苛责,就越容易生气,因为孩子达不到你心中的期望;相反,如果你能适当地选择忽视,不再要求他十全十美,心情就会好很多。愤怒也是如此。人在愤怒的时候,想要摆脱心中的不适感,可以选择把更多的注意力放在他人而非自己身上。

事实上,很多愤怒者都有这样的倾向:一方面,愤怒使人失去理性,沉浸在怒火之中,忽视自我的行为甚至感受;另一方面,人人又都在极力避免愤怒,忽视心中的怒火。

忽视自我是愤怒者的一种行为表现,因此我们要改变它,让自己理性起来。为此,我们可以试着这么做。

(1) 别再冷落自己,别忽视自己的需求。善待自己比什么都重要。对于愤怒情绪,不要长久地憋在心中,不妨及时而合理地释放出来。

(2) 让自己慢下来,这样你就可以认真地体会自己的感受。比如,享受一次下午茶时光,慢慢地你会觉得自己并没有那么生气了。

(3) 学着温柔一些,对自己更好一些。愤怒的人总是暴躁的,总是对自己充满成见。每天睡前,当你发现自己并不能愉快地入睡，说明有一些让你不高兴的事情还停留在大脑中。这个时候，你应该把它们通通放下，这才是理智的做法。

2. 自我责备行为

"如果我在场的话，事情就不至于如此了。"

"我怎么这么笨，这么简单的事都做不好。"

"我真傻，就这么被骗了。"

……

内向型愤怒者常常这样责备自己，他们简单地认为，任何事情出了问题，都与自己有关系。

对于一个习惯自责的愤怒者来说，他们不仅认为是自己造成了当下的困境，而且自己有责任把事情解决。其实，这种自责大多数时候是没有意义的。你不妨问问自己：

◎谁说我必须对这件事负责？

◎真的与我有关吗？

◎为什么身旁的人都没有内疚感，自己却有？

在心中想一想以上几个问题之后，再想办法摆脱这种困境：

◎告诉自己："这件事我没有必要负责。我在和我不在，事情都会如此发展。"

◎"我只是旁观者，路人甲而已。"

◎不要太把自己当回事。比如告诉自己："我只是一个平凡人，有太多太多的事情自己无能为力,我只能做我力所能及的事。"

3. 自我破坏行为

愤怒总是令人受伤。内向性格的人隐藏愤怒的过程,其实就是一种自我伤害的过程。比如,你希望生活每天都过得井井有条,然而你却有丢三落四的习惯。再如,你满心欢喜地准备享受晚餐的时候,发现忘了按电饭煲按钮,只好等着饭熟;你刚躺下准备睡觉,突然想起一件重要的事还没做,等等。这样的事情发生得多了,你内心的愤怒就藏不住了。更重要的是,这还会伤害你的自尊心和自信心,你觉得自己真的是什么都做不好,甚至会自暴自弃。

为什么会出现这样的行为呢?原因其实并不复杂。一方面,因为无论是精力充沛还是丢三落四,只要事情搞砸了,羞耻、愤怒、自我责备的情绪或心态就会出现。另一方面,我们还依旧保持着一丝期待,或者说即便失败了也必须往前走的勇气。愤怒被隐藏在了不断尝试又不断失败的心态之后,当愤怒达到一定程度,自我伤害行为就出现了。

而自我伤害会让一切变得糟糕。但如果你能使自己静下来,你的行为就会理智起来。我们不妨从以下几个方面做起。

(1)尽量表现得成熟一些。要知道,任何事情都难以十全十美,保持一种良好的心态。当想愤怒时,做一个深呼吸,然后使自己平静下去。

（2）对自己说："成功固然重要，但快乐同样不可缺少。"不断提醒自己享受快乐的生活，直到自己真的快乐起来。

（3）你要提醒自己，自我伤害的愤怒不会有任何益处，它只会让情况越来越糟糕。所以，多给自己一点激励吧！

4. 自我攻击行为

自我攻击行为，一般成年人才会有。拥有攻击行为的成年人，他们的童年很可能遭受过暴力或虐待。当自我攻击的愤怒者认为自己必须受到惩罚时，这说明愤怒者已经怒不可遏了，由此可能发生用拳头捶胸口、撞墙甚至自残的行为。

那么，攻击行为是如何出现在愤怒者身上的呢？

有的人期待通过这样的方式来获得他人的帮助，让自己走出当时的遭遇；有的人则是在周围人的影响下，去攻击别人，事后又对自己的这种行为十分憎恶，走进自我攻击模式。

因此，对于有自我攻击倾向的愤怒者，采取以下方法和措施是有用的：

◎学会自控，减少自我攻击的次数。

◎弄明白究竟值不值得自己如此大动干戈。

◎多交一些随和的朋友，自己的心态也会渐渐地变得平和。

心理学知识拓展

研究表明，人的基因构造可能会影响我们产生愤怒的速度，这就是生物倾向。比如，你向一个婴儿挥手时，有的婴儿反应快速，或手舞足蹈，或微笑；而有的婴儿则反应迟钝一些。这表明，一个人的个性，基因遗传的一部分，造就了随和、暴躁等不同的性格，这会影响一个人今后的易愤怒程度。

⚡ 内向型愤怒的分级：适度性与过度性

只要留心观察就会发现，有的人对自己很失望，他们不把这种怒气发泄给他人，而是对自己感到不满。这种把愤怒转向自己内心的行为，是内向型愤怒的常见表现。一般来说，按照程度的不同，可以将内向型愤怒分为适度性的愤怒和过度性的愤怒，两者所带来的影响是不同的。

1. 适度性的愤怒

适度的内向型愤怒是有益的。这主要体现在两个方面：

（1）适度的愤怒就像仪表盘上的指示灯一样，随时警示着我们身体可能会出现的问题。所以，当你对自己生气的时候，实际上是在告诉自己需要冷静下来了，不然就会有不好的事情发生。

（2）适度地对自己发怒，有利于自己反思。比如，当你无缘无故对孩子乱骂一通时，面对孩子的委屈，你就有理由对自己生气；在购物节里一时兴起买了一堆自己不常用的东西，之后的日子过得紧巴巴，你也有理由对自己的冲动行为生气；别人给了你很多建议你却不听，结果失败了，你依旧可以生自己的气。我们需要思考一下这些愤怒会带来什么，我们能从中学到什么，那就是对自己的不良行为进行反思。

需要说明的是，虽然内向型愤怒者常常宁愿伤害自己，也不愿伤害别人，但这并不代表内向型愤怒与外向型愤怒是对立的，两者其实是可以并存的。

2. 过度性的愤怒

有些内向型愤怒一旦发生，就难以停下来。比如："我怎么这么傻，为什么要做出这样的事情，其实真的完全可以避免的，都怪自己……"如果你对自己的怒气迟迟不消，甚至越来越严重，就说明你的愤怒过度了，这势必会带来糟糕的后果。

下面我们来看一个例子：

小杰是一个不想让任何人失望的好心人。只要身边的人找他帮忙，即便有些事情做起来很费劲或是不太想做，他都一一答应下来。因为在他看来，他根本无法拒绝他人的请求。

为此，他总是很忙碌，不是在取悦别人，就是在帮他人摆脱困境。他根本没有时间好好照顾自己，有时甚至会感到很崩溃，经常生自己的气，觉得自己做得不够好，自己的生活变得越来越乱了。

内向型愤怒常常会成为一种习惯，这类愤怒者习惯于压制自己的愤怒。就像案例中的小杰一样，始终认为是自己做得不够好，过度的自责只会让自己沉浸在愤怒中，生活变得越来越糟糕。所以，请及时停止你的过度性愤怒吧，让你的愤怒回到正常的轨道上来。

心理学知识拓展

辩证行为疗法，是以坚持哲学辩证法为原则，坚信每个人都能够找到解决矛盾冲突中的"合"，都有明智精神。这种疗法能够帮助人们学习辩证思维方法，提高全面客观看待事物的能力，最终减少情绪失调和行为异常的可能性。

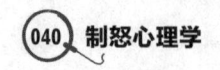

⚡ 愤怒向内发泄的三个典型特征

我们可能都见过定向爆破建筑物，通常要推倒一栋建筑物是把炸药放在里面，使建筑物向内倾倒，这样才不会波及周围。内向型愤怒正如定向爆破，它会最先摧毁人的内心。

大多数人觉得，乱发脾气的人是令人厌恶的，因为这样的人毫不顾及他人的感受。但其实，把愤怒压制在自己心里的人同样是可怕的，因为内向型愤怒始于沉默、回避，然后会逐渐形成怨恨、痛苦，甚至仇恨。一般内向型愤怒有以下三个典型特征。

1. 否认

内向型愤怒的人，一开始会否认自己生气。比如，我们经常能听到有人说："我没有生气，只是不高兴而已。""我不是生气，只是比较失望罢了。"但实际上，这么说的人内心是生气的。

举个例子：

你打算年底买一台电脑，这个信息通过聊天传到了你爱人的耳朵里。可能是为了给你一个惊喜，某一天，你回到家突然发现家里多了一台未拆封的新电脑。

你一开始有些激动。但打开包装的时候，你变得有些生气。可是当你爱人走过来的时候，问："我买的电脑怎么样，还满意吧！"你依旧保持微笑，虽然你内心很不高兴。

其实，你之所以会把愤怒隐藏，甚至否认自己生气了，是因为这台电脑并没有达到你想要的配置，但你只能接受这个事实。

2. 回避

这是比否认更为核心的特征。否认自己生气了是第一步，接下来就会有所行动，也就是设法躲开令你生气的人或环境，并与之保持一定的距离。

同样以案例中的买电脑为例，当你无法改变现状时，为了压制怒气，你可能会选择回避。比如，不正面回答爱人的提问，或者点点头表示赞同，拿出电脑后就去做其他事情了。虽然你选择了回避，但不意味着怒气消了，这可能会持续一段时间，给心理造成不小的伤害。

3. 不断回想

生气的人会像重放录像带一样，一遍遍地回想生气时的情景：觉得对方的话语、举止，真的是太讨厌了。不仅如此，生气的人还不断重复分析当时的情况。

这种沉溺于愤怒的状态不会产生任何益处，反而会带来更严重的后果，因为重复地回想并不是与当事人进行交涉，也不是和朋友倾诉，这样只会使愤怒逐渐发展为怨恨。如果不能停止这种回想，愤怒也可能导致情感崩溃、精神抑郁等。

当下，越来越多的人在压抑自己的愤怒中爆发，这种在绝望情绪下突然爆发所产生的暴力行为，是非常可怕的。所以，把愤怒积压在心里，否认、回避、不断回想不是处理愤怒的正确方式，我们必须加以改变。

心理学知识拓展

内向型愤怒，会以一种被心理学家称为"消极攻击"的行为表现出来。也就是说，这样的人表面上看起来比较消极，努力使自己显得心平气和，但是，他们常常会把心中积郁已久的怒气通过其他方式发泄出来，如不理睬他人的请求，这也说明内向型愤怒是可以转嫁的。

⚡ 排解内向型愤怒的有效方式

愤怒是一个人声明权利、表达不满的一种途径，它能促使一个人对人际关系或生活的某个方面做出必要的改变。如果你压抑自己的情感，尽量掩盖愤怒，并不能消除它们，反而还会造成各种问题。因此，及时有效地排解内向型愤怒十分必要。

那么，面对内向型愤怒我们该怎么排解呢？

1. 承认愤怒这个事实

你必须承认把愤怒隐藏在心里了，必须正视它，面对它。你可以对自己说："是的，我心里很生气，只是不想把愤怒发泄出来，要我对别人说'我生气了'是一件非常困难的事。虽然我把愤怒藏在心里对自己没有好处。"

愿意承认自己内心的愤怒，是摆脱内向型愤怒的第一步。

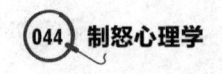

2. 寻找他人的帮助

承认自己内心的愤怒不是一件容易的事。但是，当你能开始寻求他人的帮助时，说明你离成功不远了。

你可以把你内心的不满向亲朋好友倾诉。所谓旁观者清，置身事外的人可能很轻易地就帮你把问题理清了，让你知道如何去和那个伤害你的人理论，并把怒气驱散。当然，除了朋友和家人，你还可以去找心理医师咨询。但不管怎么样，你都要做出明确的选择，把内心的愤怒消除。

3. 在帮助他人中激励自己

当你掌握了排解愤怒的方法之后，也不妨试着帮助身边人。在帮助他人的过程中，或许你会得到一些激励。比如，你的朋友把愤怒压在了心里，你可以试着对他说："看见你这个样子，我真的很想帮助你。如果你没有生气那自然是好的，如果你把怒火憋在心里，那是没任何好处的，能跟我聊聊吗？"

不过，帮助别人前你需要做点心理准备，因为别人可能会说："这关你什么事呢？"遇到这样的人时，你也不必愤怒，否则就不是在帮别人，而是要先帮助自己了。

4. 平静自己的内心

当脾气开始暴躁起来时，你需要做的就是努力平息自己。你可以采取一些方法来让自己平静。以下这些方法能在你更加愤怒前，将愤怒的想法消除。

◎深呼吸。一旦你稳定了呼吸，内心就开始平静了。

◎进行积极的自我对话。重复一个平静的词或短语，如"放松"或"它会好起来的"。

◎做运动来消耗多余的能量。比如，快走或慢跑、跳绳等。

◎做一些放松和分散注意力的事情。比如，听舒缓的音乐、下下棋等。

总之，面对愤怒，我们要用积极的、充满爱的方式去处理，而不是一味地回避，把它埋藏在心底。这样的处理方式不仅会深深地伤害自己，还会殃及身边的人。

心理学知识拓展

倾诉作为一种发泄情绪的方法，可以缓解压力，与健康有重要的关系。心理学家研究发现，当女性互诉心中烦恼时，她们可能会因为得到支持和肯定而感觉好一些。但如果她们没有就事论事，就会倾诉得越多，心情越糟。所以，女性朋友之间的不当倾诉过多，可能会产生情绪副作用，甚至可能会导致焦虑和抑郁等情绪问题的产生。

⚡ 愤怒后引发的内心抑郁

对于内向型愤怒者来说，不断地把愤怒压制在心里，总有一天会表现出来。这种表现不是对无辜的人乱发脾气，就是自己变得郁郁寡欢。那么，作为内向型愤怒者，你会有这种倾向吗？

1. 抑郁的自测

我们不妨先做个自我检测：

（1）有易怒情绪。

（2）觉得自己毫无价值，时常感到内疚。

（3）失眠或嗜睡。

（4）注意力不集中，难以做出决定。

（5）对事情失去兴趣。

（6）体重变化明显，不是显著增加就是显著减轻。

（7）会想到死亡，甚至有厌世倾向。

以上这几项，如果你条条都占了，那说明你可能抑郁了；如果只有少数一两条符合你的情况，说明你的心理还算健康，但也要谨防抑郁的倾向！

为什么内向型愤怒会与抑郁有关系呢？

弗洛伊德认为，抑郁是"内化的愤怒"。从心理学角度看，抑郁的许多症状看起来都像是自我惩罚。比如，抑郁症患者通常缺乏精力，喜欢独处，对很多事情不感兴趣，常用伤害自己的方式来自我惩罚。同时，人在抑郁的时候，容忍度和耐心会有所下降，那么愤怒也可能往更坏的方面发展，使小麻烦变成大灾难。

2. 抑郁的危害

抑郁的人喜欢离群索居，他们常常一个人静静地待着，这会加重抑郁的程度，形成恶性循环。当一个人独处时，明明就是自己在远离他人，可是他会觉得是他人远离了自己。当这个人感觉自己不被需要、没有得到应有的重视时，反而会加重愤怒和抑郁程度。

抑郁让人变得消极和悲观。一个人抑郁的时候，所看到的一切都是暗淡的。抑郁的人通常认为自己没有价值，世界也没有价值，一切都没有任何改进和进步的希望。他们总是看到自己最差的一面，不能正确地评价自己。

抑郁让人为所有坏事自责。如果你像很多愤怒的人一样，对自己的行为感到自责，再加上抑郁的情绪，你会越来越看轻自己，会为很多不好的事情而自责，虽然责任不一定在你。

抑郁会降低工作效率，使生活失去乐趣，会让人变得冲动，还会让人注意力下降。总之，抑郁带来的坏处可能是全方位的。

3. 化解抑郁的方法

面对抑郁，我们要及时将它们从心中驱散。

（1）服用抗抑郁的药物。严重抑郁的人需要在医生的指导下适当地服用一些抗抑郁的药物。不过，是药物就会有副作用，这需要你和医生做出判断：副作用是否超过了某个限度。

（2）多参加社交活动。当你感到有轻微抑郁的时候，可以找亲朋好友聊聊天，或是参加一些聚会，把心中的不快说出来，心情就会好很多。

（3）读一些好作品。好的作品，有深度的文字，就像是在讲自己的故事一样，让人产生共鸣。它能够激励或引导我们走出抑郁的情绪。

（4）到大自然中放松自己。当你精神抑郁的时候，可以选择出去走走，如逛公园、爬山等。让自己暂时远离生活的环境，到大自然中去呼吸新鲜空气，感受放松，能够一定程度上消除焦虑和抑郁。

抑郁所带来的影响并不会比愤怒的影响小，当一个人把愤怒和抑郁两种情绪集合在一起时，就会潜藏更加恐怖的力量。因此，无论是愤怒，还是愤怒后出现的抑郁，我们都需要认真对待，只有保持内心的平静，生活才会快乐。

> **心理学知识拓展**
>
> 积极想象法，是由个体主动进行想象的方法，比如，想象自己做了一些想做的事后度过一段非常愉快的日子。它可以提高人的情绪，增加人的乐趣，减少使人感到软弱的自我挫败。这种治疗方法能帮助人建立积极的情绪色调，阻止抑郁、焦虑的进一步发展，使人重新学习感到有兴趣的东西，对减轻疼痛、缓解焦虑、防止抑郁和减少恐惧等非常有帮助。

心理测试 自卑心理程度测试

你知道吗,90%的人都存在过"自卑情结",甚至还有人一生都在自卑困扰中,觉得自己不够优秀,害怕表达真实的自己。可以说,自卑感是我们通向幸福道路的绊脚石。

下面的这些关于自卑感的小测试题,能够帮助你测试出内心的自卑程度,并且给予你合理的建议。

对于下面的题目,你认为"是"就在括号中打"√",认为"否"就在括号中打"×"。

1. 你喜欢自己的性格吗?( )
2. 你觉得自己这样的年龄应该更成熟一些吗?( )
3. 你很满意自己的长相吗?( )
4. 无论是谁给你拍照,你都很自信能拍得很好看。( )
5. 你对镜子中的自己满意吗?( )
6. 你是否经常被身边的人挖苦?( )

7. 和朋友在一起时，你是否经常成为倾听的一方？（　）

8. 你相信十年后的自己一定会比别人过得更好。（　）

9. 你会经常有"又失败了"的感觉吗？（　）

10. 领导对你做出的成绩感到失望吗？（　）

11. 身边的人是否都不太喜欢你？（　）

12. 对于做错的事情，不久你就会忘记。（　）

13. 你觉得自己身体强壮。（　）

14. 你对自己反对做的事情是否充满自信？（　）

15. 运动之后，你常常觉得自己快不行了。（　）

16. 在一个集体里，你对自己进入前几名是否抱有希望？（　）

17. 你对落后无动于衷吗？（　）

18. 当你和朋友或者家人闹矛盾时，会常常自我责备吗？（　）

19. 你觉得自己过得比别人好吗？（　）

20. 当你提出的观点遭到别人的反对时，是否立马怀疑自己的准确性？（　）

21. 做某件事时，你经常缺乏自信吗？（　）

22. 你经常打断别人的讲话吗？（　）

23. 对于他人的观点，如果你不同意，会当面提出反对意见吗？（　）

24. 你是否从来不向他人挑战？（　）

25. 遇到困难时，你会经常选择逃避吗？（　）

26. 别人没有主动征询你的意见，你会主动说出来吗？（　）

27. 面对困难，你常常在心里祈祷吗？（　）

28. 你觉得自己让父母失望吗？（ ）

29. 你是否经常检讨自己过去的行为？（ ）

30. 你对未来是否充满希望？（ ）

评分规则

所有题目中，第3、8、12、14、22、26、30题打"√"得0分，打"×"得1分；其余题目打"√"得1分，打"×"得0分。

结果分析

（1）0~5分：说明你很自信，你只需要适当地避免骄傲或自满。

（2）6~10分：在平时的生活中，你并不自卑。不过环境一旦出现不好的变化，你就会对自己的行为产生怀疑，但最终能够恢复自信。

（3）11~20分：说明你比较自卑，遇到一点挫折就会觉得自己不行。因此，你需要适当地降低自己的期望值，调整自己的目标，把大目标变成阶段性的小目标，一步步地去实现。

第三章

习惯性发怒，多缘于愤怒者的"假想敌"

生活中发怒似乎已经成了很多人的一种习惯。比如，无论你是好声好气地问他，还是以随意的姿态问他，他都爱搭不理或是暴跳如雷。也就是说，愤怒莫名其妙地就出现了。为什么有些人习惯对他人发怒呢？本章将为你解答。

⚡ 习惯性发怒源于父母行为

习惯性发怒难道与父母有关？事实证明这是真的。

来自美国的一项名为"家庭变迁研究计划"的研究结果表明：愤怒是会遗传的。这项计划以588名年轻人作为对象，研究三代人的愤怒及其攻击行为。

在测试中，每一位研究对象每年都接受研究者的访谈。在这些人平均年龄21～23岁时，其中有75人已经有了八个月大及其以上的小孩，有451人来自双亲家庭，107人来自单亲妈妈家庭。研究者使用了多种客观指标来观察研究对象在家中进行结构化互动时的育儿行为。最后得出的结论是，从社会学习的角度来看，一个人的育儿方式或许有相当大程度来自父母，这三代人在育儿行为上展现了明确且显著的效仿效果。也就是说，一个人对孩子的发怒行为是可以从父母身上学得的。

研究还发现，习惯性发怒源于家庭，主要体现在以下两个方面。

第三章　习惯性发怒，多缘于愤怒者的"假想敌"

1. 父母对孩子行为的纵容

一般来说，习惯性发怒的人在儿童时代就认识到了愤怒的威力。比如，为了得到一个自己心爱的玩具，为了吃自己喜欢的零食，为了不做作业，等等。只要生气，大哭大闹，父母就会对他们的愤怒妥协。

愤怒，很早就这样被孩子知道和利用了，发怒成了孩子博得父母关注的有效途径。在他们看来，自己越是生气，能得到的东西就越多。于是愤怒这种情绪就被他们不断地练习，最终就成为习惯。

2. 父母自身行为对孩子的影响

习惯性发怒的人往往有同样习惯性发怒的父母。比如，从小就经常看见父母吵架、生气，这些行为会给孩子带来潜移默化的行为影响。孩子大都不能正确判断是非，他们不会质疑这些行为有多不好，甚至会模仿。时间一长，即便后来知道愤怒不好，但他们已经形成习惯了。

我们来看一个习惯性发怒者的自诉：

我知道，家中有一个脾气暴躁的父亲是什么样的感觉。我的父亲就像一颗不定时炸弹，他会因为任何一件小事而发怒，永远让我无法捉摸。比如，他因为我没做家务而大动肝火，也可能是我并没有做错什么，只是他对某件事不喜欢。总之，他经常发脾气，喜怒无常。

虽然父亲只是对我发怒，但他的怒气深深地感染到家里每一个人。这种在家中被骂被打的滋味我记忆犹新,于是我从小就发誓,以后绝对不会做习惯发怒的人。等到终于成年了,我却惊讶地发现,我的脾气怎么那么暴躁,我生气的样子和父亲如出一辙。

这个例子其实就是父母愤怒行为对孩子影响的最好证明。

除此之外,有的人在童年时期有比较不好的经历,如遭遇疾病、贫穷、父母离异、受到虐待等,会使得他们对社会充满敌意。虽然这些伤害可能在后来得到治愈,但他们依旧难以摆脱愤怒的阴影。

· 心理学知识拓展 ·

认同与模仿的概念,是社会学习理论中的重要原则。

这两个概念最初都源于弗洛伊德。弗洛伊德认为,大多数儿童会认同与自己同性的父亲或母亲,并以他们的许多行为模式作为模仿的蓝本。于是,当性格逐渐形成时,孩子便将与自己的同性父亲或母亲的信念、行为和态度吸收进来,使其成为自己的一部分。

⚡ 习惯性发怒的内因：无端揣测和过度消极

习惯性发怒虽然受家庭因素的影响，但是后天的诸多因素也会导致习惯性发怒的产生。心理学认为，经常无缘无故发怒，是一个人内心充满了习惯性敌意导致的。其中无端揣测和过度消极就是两个重要的内在因素。

1. 以最坏的恶意揣测他人

揣测，是指推想、估计，是对事物的发展及结局的判断和猜想。恶意或者无端地揣测他人，不仅会对他人带来伤害，还会使自己产生愤怒的情绪。下面我们来看一个故事：

肯尼斯·贝林是一位慈善家。有一次，在路过旧金山湾区时，他突然发现钱包不见了。助手着急地说："一定是在伯克利市的贫民窟弄丢的，怎么办？"贝林无奈地说："那就等等看有没有人联系我们。"

几个小时后，电话还是没有响。助手失望地说："算了，别等了，我们本来就不该对贫民窟的人们抱有希望。"

"不，我们还是再等等吧。"贝林平静地说。

助手很不解："钱包里有名片，如果捡到者想归还，打个电话只需要几分钟，等了这么久，看来对方是不打算归还了。"

贝林依然坚持等下去，就在天快黑时电话响起来了，捡钱包的人要他们到一个叫作卡塔街的地方去取。

助手嘀咕说："这会不会是骗局，我们会不会被敲诈或勒索？"贝林对此不理会，而是乘车前往目的地。

到了地方，一个衣衫褴褛的小男孩朝他们走了过来，他手里拿着的正是贝林丢失的钱包。助手接过小男孩递过来的钱包，清点后发现里面的钱一分都不少！

"我有一个请求，可以给我一点钱吗？"小男孩犹豫着说道。这时，助手大笑起来："我就知道他一定别有所图。"

小男孩接着说："只要一美元就够了，用来支付刚才的电话费。"

直到此时，助手才羞愧地低下了头。后来，贝林在伯克利市进行了慈善计划——为孩子建学校。在开学典礼上，贝林动情地说："不要妄自揣测别人。我们需要腾出空间和机会，迎接一颗纯洁和善良的心。而且，这样的心最值得我们为之投资。"

无端地揣测他人，会使自己认为这个世界充满着敌意，因而需要处处设防。一旦我们总是揣测他人的行为不良时，我们往往会对对方的这些行为感到愤怒。因为在我们看来，对方的行为是充满欺骗与邪恶的。

因此，要想平息习惯性发怒，不妨少一些无端揣测，多一点信任。

2. 面对困境消极过度

习惯性发怒的人，在面对不确定性的事情时，常常以消极的态度对待所发生的事情。这种认知模式被称为负面归因偏差。也就是说，习惯性发怒的人，在听到积极的评价时，会认为只是一般的评价；而听到一般的评价时，认为是糟糕的评价。

比如，"你新做的发型看起来太帅了"，对于人们这种发自内心的赞美，习惯性发怒的人可能会认为："看起来可能是比以前好多了，一定是觉得我以前太丑了。"又如，在习惯性发怒的人的世界里，"中午我会过来找你要文件"的意思是"你真是个健忘的人，不指望你能记得把文件送过来，所以中午我自己来拿"。

这样的认知偏差，或者说过度消极地看待问题，常常使我们不知道他们为什么会这么想，这就导致了我们说的话容易使习惯性发怒的人生气。如果我们事先知道对方是习惯性发怒的人，那不妨多说些赞美的话吧！

心理学知识拓展·

归因偏差是大多数人具有的无意或非完全有意地将个人行为及其结果进行不准确归因的现象,也是一种在某些条件下必然出现的心理反应。心理学研究早已表明,成功时人们的正常心理反应是感到自己能力很强,失败时则都力图把责任推诿给外界和他人。这种归因虽然不够合理,但对于人的心理调节和自我防卫是有利的。

第三章 习惯性发怒，多缘于愤怒者的"假想敌"

⚡ 当抱怨成为一种习惯

生活中，许多人总喜欢不停地抱怨，他们的心中有无尽的不满需要发泄。比如，时常抱怨工作，领导又在找自己茬了；时常抱怨同事，昨天×××又在背后说自己坏话了……他们对身边大多数事情都感到不满，于是抱怨就成了一种习惯。

小可是一个消极的人，典型的悲观主义者。她大多数时候都不快乐，总是担心会有不好的事情发生。比如，她觉得不会有人记得她的生日，可是当大家送上祝福的时候，她又觉得这是理所应当的。

由于生活总是充满各种琐碎的事，小可的不满和抱怨每天从一个问题转移到另一个问题。她总是喋喋不休地抱怨，并心生怒气。

从这个案例中，我们得知抱怨也会产生愤怒，这也是我们接下来要讲的：抱怨是习惯性发怒的一种形式，满腹牢骚必然伴随着一定的愤怒。

抱怨经常和抑郁、苦闷、气愤联系在一起，经常抱怨生活的人总觉得生活是糟糕的。其实，一个人越是抱怨，内心就会越抑郁，这种负能量不断地积累，就会给内心带来更多的愤怒情绪。

为什么抱怨会令人生气呢？

1. 抱怨的人总是看到事情最坏的一面

习惯抱怨的人非常容易生气，因为他们总是看到周围人和事的不好的一面，从而为此恼火。比如，为什么又要写总结？工作已经忙不过来了，这是存心不让我好过啊。我说了多少次了，粥要喝咸的，为什么你总是加糖，怎么交代你点事都办不好？抱怨的人就是这样，任何事情都往坏的方面想。这种行为不仅让自己不悦，也会让他人不悦。

2. 抱怨是因为过高的期望无法实现

我们之所以会抱怨，是因为对方没有达到我们心中的要求。因为我们对某人或某事的期望越高，如果到头来期望无法实现，失望也就会越大。比如，两个相爱的人，如果总是女方主动联系男方，而男方总是被动的，那么，女方肯定会认为男方不够重视她，甚至不爱她，就不可避免地对男方抱怨：为什么不主动联系自己，并为此而生气。

综合这两个情况，抱怨不是毫无目的的，它首先是对某事或某人的不满，进而促使愤怒的发生。如果这种不满状态成为一种习惯，那么，愤怒也就成为习惯了。

心理学知识拓展

悲观主义是指一个人对社会、人生持悲观失望的态度。一方面，悲观主义者认为世界是变幻无常的，人注定要遭受苦难，并陷入悲观之中；另一方面，他们认为邪恶总是充斥每个角落，保持善意没有意义。

悲观主义者既不相信自己有足够的能力来承受和减弱负向价值的不良影响，也不相信自己能够使正向价值发挥更大的积极效应。他们认为负向价值的不良影响是巨大的，而正向价值的积极效应是有限的。

另外，悲观主义者还容易看到事物坏的一面，不容易看到事物好的一面，对于效益反应很迟钝，对于亏损反应敏感，其行为决策总是遵循"小中取小"的价值选择原则。

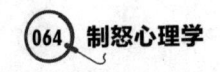

⚡ 遏制不良习惯，远离无意识的愤怒

当愤怒成为一种习惯，就不仅仅是解决愤怒本身的问题了，而是要将习惯一起改变。我们知道，习惯成自然，一旦某种习惯形成了，要想改变就会变得很困难。下面，我们先来了解一下习惯的特点。

1. 习惯是自动的行为

有的人喜欢吃饭前喝点汤，有的人喜欢把头发往一边梳，有的人没事喜欢抖腿……这些都是一种习惯，因为这些事不需要人们刻意提醒自己这么做，自然地就发生了。习惯性发怒也是如此。

很多人生气也是一种无意识的行为，完全不需要经过大脑。比如，同样是一件事，可能不同的人会有不同的表现。下面以一个案例来说明：

A是比较乐观随和的人，B则是容易生气的人。A和B在家里一起玩游戏，这个时候突然传来了敲门声。A很开心地说："会是谁呢？我赶紧开门去。"B则很恼火："谁来得这么不是时候，好好的游戏就这么暂停了，真扫兴。"

案例中的B就是典型的习惯性发怒的人。一个人如果养成了发怒的习惯，这种习惯就会存储在大脑中，他每生气一次，愤怒就会加深一些，并在大脑中自我强化，变得更加愤怒。

2. 习惯是强迫性的

每次生气之后，很多人可能都会告诫自己："下次我一定要控制住自己。"然而事实又是怎样的呢？人们真的很难做到不生气。

我们之所以这么说，是因为还没有真正地认识到习惯的强大。对于习惯而言，小到哪个手先戴手套，大到戒烟，如果想彻底地纠正这些行为，困难也是巨大的。

习惯就像一个"幽灵"，常常悄无声息地来到人们身边。比如，一个喜欢在公共场合抖腿的人，他决心要改变这一习惯。可是，每当与人洽谈的时候，一坐下就不自觉得抖起来。突然间，他才意识到：怎么又出现这样不礼貌的举动。于是内心多少有点生气。

由此可见，愤怒是一个控制力极强的习惯，如果你的抵抗力不足，它就会强迫你做出一些本不该做的事情。

只有了解习惯的特点，我们才能更好地遏制习惯性发怒。对于习惯性发怒的人来说，要想摆脱无意识的愤怒，可以从以下两个方面着手。

1. 了解自己发怒的习惯

习惯通常让一个人的行为处在无意识中。如果这个人不能保持清醒的头脑，认识不到愤怒的存在，那消除愤怒就无从谈起了。那么，习惯性发怒会出现哪些征兆呢？手紧握成拳头状，说话声音突然提高，来回走动，呼吸加快，甚至开始扔东西等，都是愤怒的征兆。这些行为都意味着你生气了，你所要做的就是保持清醒，认清自己的愤怒有多严重。这些都是你需要改变和打破的习惯。千万不要认为生气是理所当然的，你应该尽最大努力弄清楚愤怒是如何在你身上起作用的，并学会减缓你愤怒的过程，这样你才知道什么时候该发怒，以怎样的方式表达愤怒。

2. 遏制不良习惯

试着想象一下，生活中如果没有了愤怒，是不是内心会变得平静、安宁，自己也会变得不一样。答案是肯定的。

那么，如何来遏制发怒的习惯呢？虽然每个人之间存在一定的差异，但都可以通过以下几种想象的基本形式来消除怒气。

◎此刻，我很放松，内心很平静，我感到了周围的安宁，沉浸在这种氛围中，我感到自在。

◎环顾四周，所有的人都很和善，面带微笑与人打招呼。

◎突然间，我感到世间一切都美好极了，能有家人的陪伴，既温馨又快乐，这样的时光真令人享受。

◎我听到自己和别人温和地交谈，并时不时地发出笑声。

愤怒习惯的改变不是一蹴而就的，想象能够让愤怒的情绪平静下来，只要坚持想象美好的事物，就会越来越不习惯性发怒了。

心理学知识拓展

无意识是指那些在正常情况下无法变为意识的东西。比如，内心深处被压抑而无从意识到的欲望，秘密的想法和恐惧等。当一个人的原始冲动和本能以及之后的种种欲望，由于社会标准不容许，得不到满足而被压抑到意识之中时，它们并没有消灭，而是在无意识中积极活动。

无意识是人们经验的大储存库，由许多遗忘了的欲望组成。弗洛伊德认为无意识具有能动作用，它一方面主动地对人的性格和行为施加压力和影响。另一方面，无意识是必不可少的一种生存需要，它使得我们忘记过去的创伤，继续生活下去。

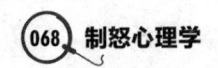

⚡ 运用塞利格曼乐观主义驱散怒火

我们知道,习惯性发怒的人大都喜欢抱怨,他们总是看到事情糟糕的一面,也就是说,他们是悲观主义者。因此,这类人有必要培养自己的乐观主义,因为乐观才能驱散怒火。

美国心理学家马丁·塞利格曼对乐观主义和悲观主义做了很好的研究。他认为乐观主义者具有这三个特征:

第一,相信只有好的事情才会长久持续,而糟糕的事情则不会。

第二,相信好的事情能够广泛传播,坏事则不会。

第三,把事物积极的结果归因于自己,悲观主义者则不会。

由此可见,乐观主义者在遇到好事的时候,通常采用内部归因,提高自我效能感;遇到不好的事情时,往往进行外部归因,保护了自己的自我评价。而悲观主义者却刚好相反。

对于习惯性发怒的人而言,保持乐观心态是非常有利的。现在我们来做一个练习——改掉消极思维的方法。

拿出一张纸和一支笔,分别写上标签:积极可能性、中极可能

性、消极可能性。(如下表)

标签事项	
积极可能性	
中极可能性	
消极可能性	

接下来,寻找生活中的例子,根据自己的情况填入表格中。比如,针对老板让你加班这一事件,写出你的想法。(如下表)

标签事项	老板要你加班
积极可能性	太好了,加班还有工资,这个月可以多拿钱了
中极可能性	加班虽然有工资,但恐怕出去玩的机会要减少
消极可能性	太可恨了,凭什么占用我的业余时间

上表中的事项可以替换为任何一件事,如果你每次都能在积极可能性一栏中填上你的想法,说明你的愤怒已经离你而去;相反,如果你大多数时候都在消极可能性一栏填写,那就说明你还是一个习惯性发怒的人。

如果你的情况很糟糕,难以做到事事积极,那不妨试着让自己先从保持中立开始。比如,你对加班很不满意,在为占用业余时间而愤怒的过程中,为何不换个想法呢?想想该怎么花这笔加班费,或许你就会平静很多。

总之，如果你能把保持乐观心态作为生活的常态，以全新的方式看待自己以及周围的人和事，你习惯性发怒的行为就会得到改变。这就好比嫁接在一棵树上的新枝，如果你给予持续的关注，它就会结出甜美的果实，而保持乐观心态就能起到这样的效果。

心理学知识拓展·

内部归因是归因理论中的一种类型。这种推论方式认为，个体之所以出现某种行为，其原因与个体自身有关，如人格、态度或个性。外部归因与内部归因相对应。外部归因认为，个体之所以出现某种行为，其原因与其所处的情境有关，并假设大多数人在同样情境下也会做出同样的反应。

心理测试 情绪化人群自测表

情绪化，是指一个人的心理状态被一些或大或小的事情影响而引起的波动。人们总是处于喜怒哀乐之中，前一秒可能还是高兴的，后一秒就可能闷闷不乐。你是一个容易情绪化的人吗？下面，我们来测试一下吧！

1. 你对自己的相貌是否满意？

A. 是 → 2

B. 否 → 5

2. 你是否每天都有阅读的习惯？

A. 是 → 6

B. 否 → 3

3. 无论哪个季节，你穿衣都是一天一换吗？

A. 是 → 11

B. 否 → 7

4. 对于身体上的不适感,你会很重视吗?

A. 是 → 8

B. 否 → 9

5. 你总是无缘由地迟到吗?

A. 是 → 6

B. 否 → 4

6. 你是否经常为了第二天重要的事而晚上无法入睡?

A. 是 → 4

B. 否 → 9

7. 受到他人的批评时,你会没有食欲吗?

A. 是 → 11

B. 否 → 10

8. 在超市购买牛奶时,你会看生产日期吗?

A. 是 → 12

B. 否 → 13

9. 穿在身上的衣服皱了,你会感到别扭吗?

A. 是 → 8

B. 否 → 10

10. 你是否会将每天发生的事或是工作内容都记录下来?

A. 是 → 14

B. 否 → 13

11. 乘坐地铁时,你会时不时地看旁边的人在做什么吗?

A. 是 → 14

B. 否 → 10

12. 每个月，你都会固定存一些钱吗？

A. 是 → A

B. 否 → B

13. 你认为未来会变得更糟糕吗？

A. 是 → 12

B. 否 → C

14. 你的手表有秒针吗？

A. 是 → C

B. 否 → D

15. 别人说话时，你总是没耐心听吗？

A. 是 → D

B. 否 → 14

结果分析

A：庸人自扰型

你的生活色彩比较单调，做事情会先想到最坏的结果。你是一个追求完美的人，因此情绪上容易闷闷不乐。为此，你需要换个角度，乐观地去看待周围的人和事，这样你的心情会好很多。

B：阴晴多变型

你的情绪像天气一样变化无常，令人难以捉摸。高兴时很随和，不高兴时谁也不理。不管是在工作还是生活中，你都是如此。因此大家面对你时比较谨慎，常常根据你的心情行事。总之，你是一个情绪变化无常的人，需要多控制一下自己的情绪，于人于己都是有利的。

C：乐观积极型

你是一个习惯正面思考的人，遇到事情不会马上想它坏的一面，而是冷静地思考并分析一些状况，从容地面对和接受它。这意味着你的情绪还是比较稳定的，不会随意或突然大起大落。

D：无忧无虑型

你属于乐观主义者，很多时候比较粗心，对一些信息不敏感或不关注，因此你的情绪也不容易受影响，这能使你保持心情愉快。但不好的一面是由于你不会察言观色，容易得罪别人。因此，你需要多关注或在意一下身边人的情绪。

第四章

故意释放怒火，伪装下的不良意图

很多时候，有些人是故意愤怒的。通常故意愤怒的人很清楚自己在做什么。事实上，故意愤怒的人生气只是表象，心里并没有真的出现情绪激动，他们只是喜欢通过这种假装的愤怒来控制他人并获得自己的所求，因为这种方式短期内非常有效。不过，人们都不喜欢受到威胁，因此假装的愤怒是不能长久有效的，人们会选择逃离或回击。

⚡ 维护自身形象的怒火

每个人都有自己的独特形象，有的人看起来温文尔雅，有的人看起来坚韧……除了自身形象外，生活中我们还扮演着不同的角色，如父母、老师、领导、顾客等，这些角色透露着我们的身份，同时不同的角色也有着不同的形象。

下面我们以"坚韧"这个词为例，分析这种身份标签所具有的特点，说明为什么坚韧的人要用愤怒来维护自身的形象。

愤怒是这类人唯一能够流露出来的情绪，而其他情绪，如恐惧、羞涩则是被禁止的。因为这类人要维护自身坚韧的形象，就不能表现出害怕、软弱的一面，愤怒就成了发泄的唯一出口。

为了保持抗争的状态，或者说维护坚韧的形象，这类人可能希望制造麻烦，或者问题越大越好。这样他们就可以更好地展示自己无所畏惧的气概。

有些人喜欢用愤怒来警告他人：请与我保持距离。他们之所以不想和身边人产生过于亲密的情感接触，可能是因为不想让别人看到他们也有脆弱的一面。在他们看来，距离产生美，这样有利于他们坚韧形象的保持。

在生活中，有许多人都具备这种坚韧的品质。这样的人十分注重自己的形象，因为他们希望别人把自己看作是强大和充满力量的人。而他们之所以时常发怒，是为了在这个过程中展示自己坚韧的一面。

有这样一个例子：

莉娜是一个很敏感的人，常常为了一点小事而与人争吵。在日常交谈中，如果别人忽略她，她就会感到自己被严重地轻视了。于是，她就会向这些人发泄愤怒，然后赢得对方的道歉。

莉娜的这种表现让她觉得自己很像一个斗士。其实，大多数时候，她并没有看起来的那么生气，只不过是为了维持自己"斗士"的形象而故意做出来的。她认为这样，别人就会害怕她，尊重她。

实际情况却是，这种效果并不能长久。人们一旦知道真相后，甚至故意激怒莉娜，然后看她的笑话。

可见，愤怒虽然能够一定程度地维护自身的形象，但并不能长久。

大多数用愤怒来维护形象的人，都被误导了。但是想要改变这种思维是困难的。因为他们认为如果不表现得富有战斗性，自己的权威就树立不起来了；放弃了坚韧的形象，自己可能会被人看不起。但是他们必须做出改变，因为生活不是表演，真实的生活才是人们需要的。

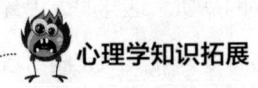

心理学知识拓展

心理距离是一种解释美感的概念，它指个体对另一个体或群体亲近、接纳或难以相处的主观感受程度，表现为在感情、态度和行为上的疏密程度。每个人都有一种心理上的"警觉"，即人的"势力范围"感觉。每一个人以自我为中心，并向四周扩张形成一个蛋形的心理防御空间。一旦其他人侵入，就会引起紧张、警戒和反抗。越是陌生的人，彼此之间心理防御空间越大。反之，则心理防御空间越小。

⚡ 故意发怒的真实意图——诉求权利

愤怒是可以伪装的。很多人看起来很生气，背后可能却是想借此达到心中的某个意图罢了。就如前一节说的那样，愤怒可以维护自己的形象。其实，假装的愤怒还有助于一个人获得某种诉求和权利。

我们经常遇到有些人只要事情不顺心意，就会大发脾气。比如，当孩子摔碎东西时，父母就会大声责骂；丈夫回家晚时，妻子就会喋喋不休地抱怨个没完没了；工作上不够积极时，老板就会表露出不悦……

这些情况是真的无法控制吗？其实，很多时候人们不是控制不住自己的怒火，而是故意这么做。他们太喜欢愤怒带来的好处，常常会这么想："我的愤怒可以吓一吓他人，这样他们就会顺从我，因为没人会和生气的我过不去。"甚至，他们还会这样想：

◎你最好乖乖听话。

◎我就是想通过愤怒来检验到底我说了算不算。

◎我要让对方感受一下领导的威严。

通常来讲,我们应该极力地避免愤怒,因为强烈的情绪会让人烦躁,甚至失去控制,做出使自己后悔的事。但是故意愤怒则大不相同,它可能不会带来这些后果,因为故意愤怒者的头脑是清醒的。

比如,你故意摔一些不重要的东西,或是故意气得乱踢东西,表面上给人的感觉是你很生气,但实际上你很清楚自己在做什么,你所做的事都很有分寸。一旦达到了你心中的诉求,你就会停止愤怒。

这就是故意愤怒,它的核心就是为了获得某种诉求和权利。我们需要注意的是,你可能认为自己是清醒的,一旦你沉浸在这种故意愤怒中,问题就来了,这种快感会让你屡试不爽,你很享受伤害他人的过程。这就像一个无底洞,越陷越深,最后可能难以控制自己的这种行为。

我们来看一个有趣的想象:

在一群人当中,最强大的人会向比他弱的人发号施令,而这个被发号施令的人又会找比他更弱的人颐指气使。以此类推,每个人在受到命令的时候,都会向比自己更弱的人传递,以此来彰显自己的权利。

每个人都渴望权利,而愤怒有时候是有效获得权利的方式,所以很多为了获得权利的人经常生气,以此让对方服从。只要愤怒没有带来更严重的后果，想要让他们改变故意愤怒的状态就变得困难。

因此，故意生气的人需要诚实地面对自己。不要以为故意发怒能带来不少好处并屡试不爽。你要知道，及时改变才不会在未来的日子栽跟头。

心理学知识拓展

马斯洛需求层次理论把人的需求分成生理、安全、社交和归属感、尊重和自我实现五类，依次由较低层次到较高层次排列。也就是说，如果一个人同时缺乏食物、安全、社交和尊重，通常对食物的需求量是最强烈的，其他需要则显得不那么重要。此时人的意识几乎全被饥饿所占据，所有能量都被用来获取食物。只有当人从生理需要的层次解放出来时，才可能出现更高级的、社会化程度更高的需要，如安全的需要。

⚡ 愤怒带来安全的距离感

众所周知,愤怒会让彼此的距离越来越远。比如,两个生气的人站在一起,明明距离很近,却要大喊大叫,而不是柔和地说话。为什么会这样呢?

愤怒的人虽然彼此就站在眼前,但心与心的距离很远。为了弥补这段距离,一方需要大声呼喊,对方才能听到;越是愤怒,心与心的距离就越远,彼此就越大声呼喊。

从原则上讲,我们都渴望与他人保持良好的关系和距离,因此就该减少愤怒。但在某些特殊的情况下,我们又需要与他人保持一定的距离,以此给自己安全感,而策略就是故意发怒。

愤怒就像无声的语言,好像在说:"请离我远一点。"实际上这种策略也很奏效,因为没有谁愿意接近愤怒的人,大部分人都会选择回避。

罗尔是一个很善于故意生气的人,因为他发现假装生气对他很

⚡ 故意发怒获得诉求，也付出代价

虽然故意发怒能够给自己带来一些好处，如获得权利、保持形象、带来安全距离。然而，事物都有两面性，故意发怒也会带来不好的影响。

我们先来看一个例子：

在过去，南方的某些农村，有些田地一年不种庄稼就会长满杂草。如果想要重新种植粮食，就必须先除草。一般来说，农民都会用镰刀将草割掉，然后翻地。

但是，也有另外一种情况。面对大面积的杂草，有的人出于效率的考虑，或是自以为很有点子，想到了用一把火烧了的妙计。于是他点上了一把火，既欣喜又满意地看着火势一步步把杂草烧为灰烬，很是得意。不料，起风了，火势越烧越大。于是他开始着急了，因为没有做任何灭火措施，最终由于控制不住火势，自家地里的草是烧没了，把别家的庄稼也烧没了，还引燃了田边的树林，结果引得消防队出动。

故意发怒的人总以为自己能够很好地控制内心的怒火。但实际上，在发怒的过程中，人们难免会受到其他因素的干扰，火势就会失去控制，带来严重的后果。

故意发怒虽然起初并不是真的准备生气，但是随着局势的不可控，假装愤怒往往会演变成真的愤怒。故意发怒之所以会引发真的发怒，其具体的运行机制是这样的：为了让自己看上去是一副发怒的样子，当一个人假装生气时，往往会做出咬牙切齿的表情，说话也变得大声起来，甚至跺脚和用手指着对方。虽然他表现出了这些行为，但头脑中还是很清醒。然而，身体已经做出了反应，它会认为这个人正在经历一次巨大的愤怒，于是本能地启动紧急模式应对，大脑边缘系统也随之做出反应，最终在肾上腺素的作用下开始失控，然后真正的愤怒就来了。

可能有人会说，生活中也存在那些故意发怒而又不失控的人，他们难道就不会付出代价吗？

他们自然要付出代价，无论是谁，只要企图用愤怒控制对方，时间一长，对方必然会对他们产生厌恶，然后一走了之。

总之，愤怒虽然是一件很不错的武器，但必须小心使用或不用，而要学习另一种更好的待人方式。因为愤怒让人付出的代价是除了愤怒之外丧失了其他一切感受，这不是我们渴望的生活，我们不想把一切都掩盖在愤怒之下，更不想伤害他人和自己。为此，改变故意发怒是唯一有效的方法。

> **心理学知识拓展**
>
> 边缘系统，是指高等脊椎动物中枢神经系统中由古皮层、旧皮层演化成的大脑组织以及和这些组织有密切联系的神经结构和核团的总称。其中，古皮层和旧皮层是被新皮层分隔开的基础结构。边缘系统的重要组成部分包括海马结构、海马旁回、内嗅区、齿状回、扣带回、乳头体以及杏仁核。临床研究表明，损伤边缘系统较为广泛的区域之后，人就会变得极易发怒，且在社交场合出现强烈的情绪反应。

⚡ 改变内心，没有怒气的生活会更美好

要想改变故意发怒并不是一件容易的事，因为毕竟它给故意发怒者带来了诸多好处。当你准备离开它时，你可能会听到内心这样的声音："我真的很享受这样的感觉，我不想失去，让我最后愤怒一次吧！"

如果你有这样的想法，那么想要告别愤怒就比较难了。你必须改变自己的内心，不要总是给自己借口最后愤怒一次。或许在假装的愤怒中，你已经习惯了获得自己想要的东西，习惯了表现得强势，习惯了隐藏自己的真实感情。这些对你有着极大的吸引力。但是，你应该往更高的目标行走。诚实、真实才是最终的追求，而不是仅仅保持一个伪装出来的形象。

那么，如何不再故意发怒呢？

1. 关注故意发怒发生的要素

在解决这个问题之前，我们先来了解故意发怒的一些要素，发生的时间、原因和状况。可以找纸和笔把它们写下来：

◎最近一次故意发怒是什么时候，对象是谁？

◎你希望通过故意发怒得到什么？

◎你说了什么或是做了什么？

◎结果如何？有没有获得自己想要的东西？还是被别人识破导致双方吵了起来？

◎你故意发怒的结果影响到了身边人吗？对你最近一段时间有什么影响？

你对故意发怒应该已经很了解了，这里之所以再一次回忆你故意发怒的情况并做出回答，是为了整体地认识故意发怒的整个过程，有利于你针对性地采取措施避免发怒。

2. 不要再试图控制他人

你习惯了用愤怒来恐吓他人，这实际上就是一种控制欲。如果想抛弃愤怒，你就必须试着不再控制他人。比如，不要在周末逼迫孩子做作业，不再要求对方减轻体重，等等。你要尽量试着不再要求他人按照你的想法发展。

这么做，你面对着失去权利，意味着不再对他人的行为进行控制，你无须担心这会带来场面的失控。实际上，你会发现他人在失去你的控制之后，一切并不会变得多么糟糕，反而会更加和谐。你需要做的就是掌控好自己的生活就足够了。

3. 让自己变得平和起来

如果你想获得自己想要的东西，除了用愤怒来胁迫他人之外，还可以通过平和的语气向他人询问，而非大喊大叫或是恶语相向。当然，这种方式不是每次都能够有效，就像愤怒的策略一样也会有失效的时候。你必须认识到，我们不可能无时无刻都能获得自己想要的东西。这是生活的一部分，接受它就好。

同样地，如果你想与他人保持距离，不必非要用怒火来驱赶对方，温和的告诫也会有效。比如，当你遭遇了感情的挫折，想一个人静静时，不妨和身边的人说明情况，以免他人踩到你内心的红线，这比用愤怒来保持距离要好得多。

> **心理学知识拓展**
>
> 将愤怒表达出来的目的，就是希望借此让对方了解你的感受，或者令他人屈服于你的期待，让你更能够掌控当下的状况。然而，实际情况是，发脾气往往会让你更加无法掌控状况，因为这还取决于他人的反应。如果对方直接进行反击，事情的结果很可能变得更加糟糕。
>
> 比如，当我们在生气或批评他人的时候，我们通常会期

待对方能够了解他们自己的行为对我们造成了影响，进而主动改变自身的行为。可是，一个人在生气时所提出的批评是很难让他人觉得有建设性的。因此，这样做往往只会让对方更讨厌我们，而非更了解我们。

心理测试 自我控制能力小测试

　　自控力是一个人对自身的心理和行为的主动掌握的能力。具体来说，就是一个人在没有外界监督的情况下，适当地调节、控制自己的行为，抑制冲动，抵制诱惑的一种综合能力。拥有良好的自控力，不仅能获得心理上的健康，还有利于解决生活和工作中的诸多问题。

　　那么，你的自控力如何呢？下面就来测试一下吧。

1. 你和任何人相处都很自律，从不会轻易发脾气。

    A. 十分符合

    B. 比较符合

    C. 介于符合与不符合之间

    D. 不太符合

    E. 完全不符合

2. 当工作和休息产生矛盾时，虽然你很想放松一下，但还是会

第四章　故意释放怒火，伪装下的不良意图

以工作为先。

  A. 十分符合

  B. 比较符合

  C. 介于符合与不符合之间

  D. 不太符合

  E. 完全不符合

  3. 你平时喜欢跑步、打篮球等运动，并不是因为你年轻有活力才这么做，而是因为这些运动可以让你变得更有活力。

  A. 十分符合

  B. 比较符合

  C. 介于符合与不符合之间

  D. 不太符合

  E. 完全不符合

  4. 你做事的时候喜欢先做容易的，难度大的一直拖着，直到不得不完成时，才草草地完成。这使得别人对你做事不放心。

  A. 完全不符合

  B. 不太符合

  C. 介于符合与不符合之间

  D. 比较符合

  E. 十分符合

  5. 你习惯给自己制订计划，不是因为你无法完成而这么做，只是因为这样做会令工作更加有序。

A. 十分符合

B. 比较符合

C. 介于符合与不符合之间

D. 不太符合

E. 完全不符合

6. 你对一件事的主动性主要在于这件事是不是该做的，而不在于你想不想做。

A. 十分符合

B. 比较符合

C. 介于符合与不符合之间

D. 不太符合

E. 完全不符合

7. 你每天都按时起床，不赖床。

A. 十分符合

B. 比较符合

C. 介于符合与不符合之间

D. 不太符合

E. 完全不符合

8. 无论遇到什么困难，你都不会第一时间去找别人帮助，而是自己积极想办法。

A. 十分符合

B. 比较符合

C. 介于符合与不符合之间

D. 不太符合

E. 完全不符合

9. 在吵架的时候，你明知道是自己的错，却依旧控制不住自己的情绪，说一些过分的话。

A. 完全不符合

B. 不太符合

C. 介于符合与不符合之间

D. 比较符合

E. 十分符合

10. 你准备第二天去做一件重要的事，但真的到了第二天，却一点干劲也没有了。

A. 完全不符合

B. 不太符合

C. 介于符合与不符合之间

D. 比较符合

E. 十分符合

评分规则

在以上10道测试题目中，选A记5分，选B记4分，选C记3分，选D记2分，选E记1分。把你的得分相加，然后根据下面的结果找到属于你的一项。

> **结果分析**

（1）0~10分：说明你的自控力十分薄弱，经常无法控制自己的情绪和行为。毫无疑问，生活和工作上你都会遇到诸多问题。因此，你非常有必要并及时地寻找有效方法，增强自己的自控能力。

（2）11~20分：说明你的自控力较弱，这会让你的生活一团糟，失去很多成功的机会。因此，你需要进行系统的训练和提升，从而提升自己的自控力。

（3）21~30分：说明你的自控力一般。虽然你大多数时候都比较自律，但有时也会出现拖拉、懒散的情况。你需要时时地提醒并鞭策自己。

（4）31~40分：说明你有比较强的自控力。这在一定程度上会给你带来很多机会。不过，你可不要满足于此，只要你保持努力，就会做得更加出色。

（5）41分以上：说明你有很强的自控力，明白自己该做或不该做的事。你会尽最大的努力去完成该做的事，而对不应该做的事保持克制。你的工作能力很强，同时也有着良好的人际关系。

第五章

骤然暴怒,自我失控的危险行为

愤怒有不同的表现形式,也会因人而异。有的人愤怒的程度较轻,而有的人愤怒的程度令人恐惧。爆发性的愤怒是可怕的,愤怒者常常表现出暴跳如雷、歇斯底里地大喊大叫、使劲摔东西等。因此,了解和控制骤然暴怒是非常必要的。

⚡ 暴怒者的内心：我为什么失控

任何人都不喜欢生活失去控制，无论是对自己还是他人。而暴怒的人则总是借愤怒在失势中占据上风并以此显示自己的强大，其实他们真实的目的是隐藏自己的不安全感或者软弱。

莎莎是一个容易暴怒的人，她的愤怒不分时间段，几乎每天都会莫名地大发脾气。尤其是在遇到不顺心的事情时，她更会丧失理智。前一秒钟还心平气和，后一秒钟就暴跳如雷，对身边的人大吼大叫。

每当这个时候，莎莎就觉得自己失去了控制，内心完全沉浸在怒火中。虽然内心不停地发出声音："我这是在干什么？我为什么会出现这样的举动？"但行动上无法停下来。愤怒就这样毫无准备地充斥着她全身，一段时间后，又突然消失了。

莎莎的行为就是爆发性愤怒的体现，这种行为可能让她一时

"如释重负",但往往身边的人会遭遇伤害。虽然表现上看,这类人很容易失去控制,但他们内心十分注重自我控制。这主要有以下两方面的体现:

一方面,自我控制处于身份认同的核心位置,能够控制自己代表了强大和成功,只有畏首畏尾、软弱的人才会失控。因此,暴怒的人常常不愿承认自己失控了。

另一方面,愤怒的人喜欢通过暴怒控制身边的人,他们认为这样就能掌控一切。而一旦遇到无法掌控的情况,就会用"我和他们没有共同语言"为借口,避免更多的接触。

可见,爆发性愤怒的人都是有目的的,他们一面认为自己有着良好的控制能力,另一面也被他人认为行为失控。那么,为什么有些人就是难以控制住愤怒的爆发呢?

1. 意识不到愤怒爆发之前的警告信号

通常来讲,一个人生气之前,都会表现出一些警告信号。比如,呼吸加快、音调提高、心慌意乱等,这些细微的变化都在提示这个人马上就要生气了。然而,有些人还是控制不住怒火,会为自己辩解:"我真的无能为力,愤怒来得太快了,我根本停不下来。"

爆发型愤怒的人通常对愤怒前的信号不敏感。他们生气的过程也是逐步增强的,这和其他人没有太大的区别,同样会出现紧握拳头、焦急烦躁、怒目而视等行为,但他们往往忽略这些信号。

2. 与控制愤怒的大脑部分有关

为什么有些人就是比正常人更难以控制愤怒呢？一方面，这与人的大脑存在一定的关系。研究发现，一些人的大脑在愤怒情绪和攻击行为的控制方面要弱一些，这主要是因为一些人大脑前部区域（前额叶皮层）活动比较弱，这个区域有助于我们克制冲动。另一方面，一些人的情绪控制中心（边缘系统）活动过于活跃，因此感情波动和一般人相比，速度更快，强度也更大，也更容易出现爆发性的愤怒。

总之，爆发型愤怒的人，他们面对一触即发的形势，大脑无法有效地控制冲动，然后事情就变得糟糕了。这可能就是暴怒者为什么失控的最好解释了。

心理学知识拓展

爆发型愤怒有一定的生存价值。我们知道，大脑在觉察到危险之后，会迅速地做出反应，这为瞬间的生理反应提供了前提。比如，你走在路上，突然有一个醉汉向你冲过来，你会迅速地躲开。如果无法闪躲，你会本能地踢向他。爆发型愤怒就像是你面对危险时的本能反应，能够保护你的安全。但爆发行为本身也是危险的，所以你必须有足够的控制力。

⚡ 愤怒带来的暴力冲动

何谓暴力冲动？暴力冲动，指的是突如其来、没有原因地想要伤害别人的欲望。

自古以来，就有部分人对暴力情有独钟。比如，斗兽场上的狮子与人的搏斗，斗牛场上的斗牛表演，精彩的拳击比赛，以及劲爆的动作电影，很多人为此欢呼，感受暴力带来的快感。

你可能觉得你只是喜欢欣赏暴力，但实际上，几乎每个人都会存在暴力倾向，这种倾向与愤怒息息相关。也就是说，一个人愤怒之后，极易导致暴力冲动的发生。

我们会看到这样的新闻：

某某开车与某某骑车发生了擦碰，双方怒不可遏，下车理论，一开始彼此大吼大叫，咒骂对方；渐渐地怒火越烧越旺，就开始发生肢体接触；最后忍无可忍，扭打在一起。

某丈夫脾气暴躁，因为家庭琐事与妻子争吵，接着进行家暴，把妻子打进了医院，最终导致婚姻破裂。

……

暴力冲动引发的事件不胜枚举。试想一下，如果我们都遵循这样的处世法则，那生活将会永无宁日。因此，我们需要制定规则，且必须克制愤怒带来的冲动。

当然，克制愤怒所引起的暴力冲动并不是轻易能够做到的，很多人都曾失败过。比如，孩子总是把阳台上的绿植折断，你会控制不住大声责骂，甚至拍桌子砸东西；同事故意把你心爱的物品摔坏了，你可能忍不住动手打同事。愤怒就这样无声息地命令你采取行动。

我们之所以容易出现这样的表现，是因为从婴儿开始我们就已经有了这样的机制。前面我们讲过，婴儿是无法控制自己的冲动的，饿了就会哭，哭了得不到回应就会愤怒，直到父母拿着奶瓶出现并安慰后才会安静下来，然后就像没有发生什么事一样。可见，突然的、爆发的愤怒从婴儿开始就已经具备了。但作为成人，我们是能够做到控制冲动的。不幸的是，我们常常表现得像个孩子似的，在遭受愤怒的时候就像回到了童年，不顾一切地耍起脾气来了。

那么，爆发的愤怒一定会带来暴力冲动吗？这是一个让人捉摸不定的问题，也是一个因人而异、因事而异的问题。我们所能做的就是及时消除心中的愤怒，尽量避免这种倾向的发生，让生活重新回归平静。

> **心理学知识拓展**
>
> 　　一个人在愤怒的状态下是否会做出暴力行为，也受其早期生活的影响。比如，一个人小时候受到虐待或其他暴力行为的频率越高，长大后做出类似行为的可能性就越大。这说明榜样在一个人行为社会化的过程中起着重要的作用。那些在充满暴力的家庭中长大的孩子往往找不到正面的榜样，从而容易变得冲动。也就是说，如果一个人不能控制自己的冲动，那么他很有可能会抑制不住自己的怒火，任其发泄，导致愤怒时暴力行为的发生。

⚡ 几种避免暴力行为的策略

每个人都会愤怒，只是表现的形式不一样而已。但愤怒后会不会出现暴力倾向就因人而异了。因此，了解自己愤怒后出现暴力行为的概率，能够让我们更好地避免暴力。下面我们先来做一个测试：

（1）你生气时打过孩子吗？

（2）你生气时会摔东西或破坏他人的财产吗？

（3）你对伴侣动过手吗？

（4）你和其他同性打过架吗？

（5）你生气的时候会踢宠物吗？

（6）你生气时会伤害自己吗？

（7）你有"路怒症"吗？

上述这七道题，如果你的答案都是"是"，那么说明你愤怒时的暴力倾向十分严重。因此，你必须找到避免暴力行为的方法或策略。以下几种方法值得你借鉴：

1. 及时离开现场

如果愤怒让你有了暴力冲动，那就赶紧离开现场，静下来才会让你平息怒火。比如，当你和同事争吵，你感觉自己就要失去控制时，那就赶紧离开办公室，到外面走走。

或许你会说，这只是暂时逃离而已，事实上问题并没有得到解决。其实，这样做的目的就是避免暴力行为的发生，至于问题有没有解决那是次要的。因为，只要你冷静下来之后，你会发现问题根本没有那么严重。

当然，做出这样的改变是艰难的。你需要不断地进行自我暗示："不要动手，安静地离开吧，否则后果一定会很糟糕。"你需要经常这样练习，一遍遍地对自己说。千万不要觉得这样很傻，练习次数越多，在必要时用上的概率就越大。

还有一点需要注意的是，你可能会遇上纠缠不休的人。你想离开，但对方跟着你，继续辱骂你，想彻底点燃你的愤怒。面对这样的情况怎么办呢？你要忍住，赶紧离开现场，只要你忍住了，对方就会停止，甚至他会没有那么生气了。因为你的行为让对方获得了些许的胜利感。

2. 进行高强度运动

我们知道，愤怒是一种能量，它的杀伤力巨大。同样，在你有暴力行为的时候，内心也是充满能量的。这时候应该怎么办呢？那就进行运动吧，它能够消耗你身体的能量，然后让你更好地控制自己的言行。

有氧运动就是很好的方式，它可以有效缓解抑郁、焦虑和愤怒。比如，在你愤怒的时候，出去跑上几公里，你就不会再有精力继续生气了。或是出去打一场球，同样可以消耗你的能量，不过请不要把暴力带到运动上去，只要尽力投入运动就好。

3. 远离酒精刺激

很多心情不好的人都喜欢借酒麻醉自己的神经，愤怒的人有时候也会这样。但对于愤怒或是有暴力行为的人来说，这是很不提倡的做法。因为酒精会使人的自制力下降，在你愤怒的时候，你的自制力需要加强，而不是减弱。

我们经常能够见到一些"酒鬼"做出的行为，几乎都带有侵犯或暴力的性质。所以，在你本就愤怒时，酒精只会起到火上浇油的作用，让情况变得更加糟糕。

4. 其他方法

要想消耗愤怒的能量，还有其他一些方法可以尝试。比如，艺术家在愤怒的时候，通常会将自己的怒气通过含有暴力成分的作品表现出来；文学家则会在自己的文字里描写暴力行为，这被称作精神发泄。你可能不是艺术家或文学家，但同样可以将你的愤怒通过你所做的事情发泄出来，前提是不影响事情本身。

另外，放松的方式也很适合平息愤怒。比如，你可以选择去按摩，也可以在运动后来个蒸汽浴，或者是骑行、钓鱼等，都能让你愤怒的内心变得平静。

心理学知识拓展

精神宣泄，是指被压抑情绪的自然释放。布洛尔、弗洛伊德用这个术语来描述心理治疗过程的一个基本效果，指把被压抑在潜意识中的观念、情感、欲望和对过去事件的记忆带进意识，使紧张和焦虑得到释放。如被压抑的敌对能量通过温和的攻击行动、观看攻击性的演出或用言语表述自己的感觉而释放出来。若将其运用到愤怒上，是指将愤怒通过非破坏性渠道发泄出来的治疗性释放。

⚡ 保持内心平和,提升良好的自我控制力

有很多人喜欢摩托车,甚至常开玩笑地说:"四驱承载的是肉体,两驱承载的是灵魂。"爆发性的愤怒就好比是一辆摩托车,它充满力量,声音响亮,速度迅猛。骑上它,你会获得十足的快感。

但你要注意的是,即便你很享受它带来的速度与激情,也要记得随时握住刹车,在危急的时候及时让自己停下来,否则摩托车就会撞成碎片。

所以,当你有爆发性的愤怒时,慢下来就是你应该做的。那么,如何才能慢下来呢?我们可以从下面两个方面进行尝试。

1. 让自己放松下来

人之所以会愤怒,很大一个因素是内心的压力不断积累,如果得不到释放的话,就会突然性地爆发出来。因此,放松心情是平息愤怒必然要有的一个过程。

放松虽然可以减轻压力,但也是需要训练的,不是每一个人说

放松就能够立马放松下来的。尤其需要注意的是，不要等到最后时刻才去做，放松必须在你开始意识到自己即将愤怒时就进行，具体可以这样来做：

◎放松面部。你可能已经见过愤怒的面孔，那是极其严肃和冷峻的。一个人是否愤怒，第一眼就能通过面部表情看出来。所以，你需要放松你的下巴、脸部肌肉，让眼神柔和下来，甚至试着面带微笑。

◎放缓你的呼吸。愤怒的人，呼吸都会变得急促起来。你可以试着进行深呼吸，细细地体会空气进入肺部的感受，如此重复5~10次。

◎保持正常的语速、语调。声音突然高亢、语速加快是一个人生气的表现。因此，你需要把语速、语调降下来。

◎让身体也放松下来。显得很暴躁，来回踱步，肌肉僵硬，拳头紧握，这些都是你需要放松的内容。

2. 心平气和地说话

对于暴怒的人来说，要想让他们心平气和地说话，就好比让正在比赛的摩托车发出的轰鸣声突然熄灭一样困难。因为摩托车主会沉浸在这种快感中而不能自拔，因此停下来对他们来说太难了。

暴怒时情绪的爆发虽然能够带来一时的快感，但如果控制不住，就会带来不少麻烦。因为没有人愿意感受暴怒。

心平气和是每一个愤怒的人必须学会的，你要在内心建立这样的态度:"虽然情况很糟糕,但我要保持心平气和,这很重要。不要再让自己像3岁的孩子那样任性,我应该学着长大了。"

一旦内心建立了这样的态度,接下来就要试着做一些具体的行动:

◎安静地坐下来。

◎温和地说话。

◎倾听别人说话。

◎保持呼吸的均匀。

◎不再骂人。

◎面对事实,解决问题。

保持内心的平和不是一件简单的事,这需要你不断地练习以上行为。每个人的自我控制能力都存在差异,有的人可能轻而易举就能够做到,有的人可能总是无法平静下来。不要灰心,只要坚持下去,就会有收获。

心理学知识拓展

社交情商,是指一个人在遇到挫折时能够自我鞭策、坚持不懈的毅力,能够控制内心冲动与延迟满足的能力,能够在痛苦时保持正常理性思考的能力,富有同情心并保持乐观向上的品质。通常,一个社交情商高的人,能够有效地控制自己的情绪,并对他人的情绪做出恰当的反应。因此,提升自己的社交情商也是保持内心平和、排解愤怒的一个有效途径。

第五章　骤然暴怒，自我失控的危险行为

心理测试　冲动行为心理测试

冲动行为，通常表现为一个人在受到外界刺激的情况下有失控表现，事后又表现出极度的后悔，但是下一次依然如故。这种行为无论是对自己还是对他人都会产生极大的伤害。你是容易冲动的人吗？来测一下吧。

1. 你喜欢游泳吗？

A. 喜欢 → 3

B. 不喜欢 → 2

2. 你需要找人问路，你会找谁问？

A. 同性或年纪大的人 → 4

B. 随意，或者找相貌好的异性 → 5

3. 你正准备出门，恰好遇上了风雨天气，你会怎么做？

A. 风雨无阻 → 4

B. 取消计划 → 7

4. 在炎热的夏季，你口渴心烦，有人放了一瓶冰镇饮料在你桌子上，你会怎么做？

A. 一口气喝完 → 8

B. 慢慢品尝 → 6

5. 在路上，你遇见一场惨烈、血腥的车祸，你的反应是怎样的？

A. 有不舒服感 → 6

B. 感到恶心 → 7

6. 如果你有足够的经济实力，你会选择怎样的衣服？

A. 买质量好一些的，但不追求名牌 → 9

B. 买名牌 → 10

7. 你会经常忘记钥匙放哪儿了，或者是不记得带吗？

A. 经常性的 → 9

B. 几乎很少 → 11

8. 你会因为喜欢的明星出现恋情而难过吗？

A. 很难过 → 9

B. 还好 → 10

9. 你觉得自己有美术天分吗？

A. 有 → 10

B. 没有 → A

10. 看电视时，你很容易沉浸其中吗？

A. 是 → C

B. 还好 → 11

第五章　骤然暴怒，自我失控的危险行为

11. 独自住时，在家里你会穿什么样的衣服？

A. 随便穿 → B

B. 讲究形象 → D

> 结果分析

A：你是个慎言慎行的人

你是一个很小心的人，做事情或在做决定的时候都会事前考虑周密，不是担心方向不对，就是害怕获得糟糕的结果。总是想得太多，而迟迟不做。你不容易冲动，但很容易受他人影响，很可能在旁人的怂恿下做出冲动的决定。

B：你是个外冷内热的人

对于不熟悉的人，你始终会与之保持一定的距离，表现得比较高冷，给人难以接近的感觉。但是一旦熟悉之后，你就像换了一个人似的，会与对方谈心，甚至无话不说。不过，你需要注意保持一份警惕，不能因为熟了就产生无话不说的冲动，否则容易被骗。

C：你是个活泼开朗的人

你助人为乐，对身边的人表现得很热情。由于性格外向，你可能把一些不该说的话也说了，这常常会让身边的人觉得你很冲动。其实，这只是性格使然，你只需对自己克制一点，就会更加完美。

D：你是个善于思考的人

你的思维缜密，做任何情事都考虑周全即便有人想找你茬，也找不到你的把柄。因此，你的冲动指数非常低，是值得信赖的。但由于你过于理性，往往不愿过多透露内心，真正能与你交心的人并不多。

第六章

不安而怒，因恐惧而"迎战"的另类反应

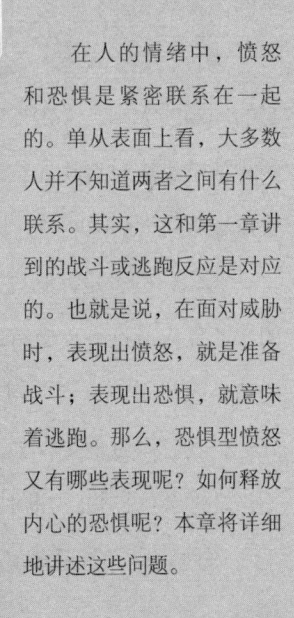

在人的情绪中，愤怒和恐惧是紧密联系在一起的。单从表面上看，大多数人并不知道两者之间有什么联系。其实，这和第一章讲到的战斗或逃跑反应是对应的。也就是说，在面对威胁时，表现出愤怒，就是准备战斗；表现出恐惧，就意味着逃跑。那么，恐惧型愤怒又有哪些表现呢？如何释放内心的恐惧呢？本章将详细地讲述这些问题。

⚡ 不良情绪的孪生兄弟：恐惧与愤怒

每个人都会有不良情绪，恐惧和愤怒就是常见的不良情绪。虽然恐惧和愤怒看起来是两种完全不同的情绪，但很多时候二者也紧密地联系在一起，或者也可以说恐惧和愤怒是同一种情感的不同表现形式。

为什么这么说呢？这是因为环境因素（你所遭遇的威胁或者面对的问题的大小）决定了你的情绪是化为愤怒，还是化为恐惧。这两种情绪反应对自我保护都是非常重要的，而且这两种情绪都能够快速地激活大脑中的杏仁核脑区。

杏仁核脑区是大脑的快速反应中心，恐惧和愤怒都源于对危险的快速反应，这种反应有一部分是下意识的。在面对威胁时，若你的情绪是恐惧的，说明对方比较强大，你内心的想法是："赶紧躲开吧，我打不过他。"如果你的情绪是愤怒的，说明对方和你旗鼓相当，你会这样想："谁怕谁啊，不服就来。"

因此，是选择迎战还是逃避，取决于你当时内心的哪种情绪更加强烈。不同的人会有不同的选择。有些人认为，选择战斗这种反应措施比选择逃跑要好一些，这可能也是他们总是容易愤怒的原因。甚至有些人虽然看起来较弱小，但同样也选择战斗，即便拼尽力气也在所不惜。

生活中，有许多人在面对有威胁的环境时习惯用愤怒来应对。

由此可见，愤怒和恐惧是一个人面对某个事件而出现的不同情绪表现，它们就犹如一对孪生兄弟一样，形影不离。

心理学知识拓展

下意识反应，心理学上指不知不觉、没有意识的心理活动，是有机体对外界刺激的本能反应。很多时候，人们的恐惧和愤怒也是下意识的，这也就是为什么我们很难控制它们的原因之一。

⚡ 怀疑和妄想，引发不安的怒火

如果你问："我们生活的这个环境安全吗？"恐惧型愤怒者会这样回答："太不安全了，身边到处充满欺骗，任何人都不能相信，可能有人会偷你的东西，有人会攻击你。所以，你要时刻保持警惕，并保护好自己。"

1. 任何人都不可信任

恐惧型愤怒者觉得围绕在自己周围的都是敌意。他们认为，一些人即便在一开始看起来很友好，但是在成长的过程中慢慢就变得不可靠了，甚至是危险的。到最后他们谁也不信任。

不信任人，就是恐惧型愤怒者一个比较显著的特征。其实，每个人都会产生恐惧型愤怒。比如，父母在发现孩子学会抽烟后，会当面责怪甚至打骂孩子，虽然孩子承认了错误并发誓不再犯，作为父母，他们依旧会害怕和担心，在他们心里可能并不相信孩子真的能改过来。这种愤怒和恐惧会存在很长一段时间，对身心造成伤害。

我们知道，人们会根据别人的行为来做出判断。比如，信任那些自己内心认可的人，对于不诚实、危险和冷漠的人则拒之门外。而恐惧型愤怒者完全不是这样想的，他们显得格外多疑，难以信任任何人。比如，很多时候他们无缘无故地怀疑他人对自己有敌意，甚至觉得别人会伤害自己。即便之前表现得很值得信赖的人，他们也觉得对方不可信任了，并试图寻找证据来证明自己所想并没有错。

2. 有人想要迫害自己

妄想是一种不理性、与现实不符的错误信念。它包括错误的判断与逻辑推理。即使把事实或已经被完全论证的理论摆在妄想者的面前，也很难动摇他们的信念。

恐惧型愤怒者多少存在被迫害妄想，这是在不信任之后产生的一种不良状态。处于被迫害妄想下的人会对他人的行为动机产生过度的怀疑，从而导致偏执行为的发生。

每个人都会有一点被迫害妄想，这属于正常的戒备，适当的戒备有助于保护自身的安全。但是如果这种被迫害妄想超出了正常范围，带来的危害就会很严重。

拥有强烈被迫害妄想的人，表面上看起来很友善，其实内心存有怀疑，他们始终保持着警惕。尽管他们有时候也想试着去信任人，但总是害怕受伤。

总的来说，怀疑和妄想，会让人产生不安，而这是恐惧型愤怒者通常会有的两种情绪。因此，我们必须学会试着去相信他人，释放内心的不安，这样才能保持平静，愉快地生活。

心理学知识拓展

妄想症，是指抱有一个或多个非怪诞性的妄想，同时不存在任何其他精神病症状。一般来说，妄想症患者会有如下表现：

（1）性格敏感，容易猜忌，自私自利，并以自我享乐为目的。

（2）缺乏对他人的基本信赖，其特点在于使用"否定作用""外射作用"来处理其心理困难，而导致系统化之妄想。

（3）内心存在一些不可告人的秘密，内疚感和恐惧感非常强，怕别人知道。

（4）无法看清自我界限，分不清自己与他人的看法，也缺乏认识自己动机与态度的能力。

第六章　不安而怒，因恐惧而"迎战"的另类反应

⚡ 愤怒是恐惧者投射的假面具

表达愤怒可以有很多种不同的方式：有的人直接、坦率，有的人喜欢讽刺、挖苦，也有的人选择沉默……不仅如此，在与他人沟通内心的愤怒方式上，每个人的表现也都不一样。比如，有消极型的、攻击型的以及自信型的等。

恐惧型愤怒是一种慢性的愤怒，同时也具有一定的掩饰性。一方面，我们面对威胁时会做出自卫反应，在害怕中显得怒气冲冲；另一方面，我们还容易把自己的愤怒和别人的攻击搞混。可能你认为自己愤怒只是出于保护自己的目的，但在别人的眼中，你却成了一个莫名发怒、主动攻击对方的人。甚至，你还认为，别人总是对你生气，自己是一个无辜者。为什么恐惧型愤怒的人会产生这样的想法呢？

在面对威胁的时候，你会这样告诉自己：有人要伤害我，我感到很害怕，同时我也感到很气愤，想要对他们进行攻击。因为在你看来，只有这样做他们才会感到害怕，你才能获得安全。比如，把

对方打倒。

但是，实际上，你很难有勇气做出这一步，因为你内心还是恐惧的，你知道任何攻击行为都是会受到制裁或惩罚的，你不得不隐藏自己的愤怒。

怎么办呢？将愤怒藏在心中。你怒火中烧，但又不能攻击别人；你烦躁不安，但又不能表现出来。于是，把愤怒投射给别人就成了很多恐惧型愤怒者的常用方法。这就好比把烫手的山芋丢出去一样，让别人去捡。

恐惧型愤怒者就是这样给自己戴上面具的，他们习惯将怒火转移到别人身上，把自己的愤怒投射出去。你可能要问，为什么不投射恐惧呢？毫无疑问他们不想暴露内心的胆怯，因为这会让他们更加警惕和感到不安。

下面，我们来看一个例子：

在晋升经理职位时，小吴获得了经理职位，罗伟却竞选失败了。看到小吴获胜的表情，罗伟内心变得神经质起来。他认为，此时的小吴不可一世，看起来很不友好。

其实，罗伟之所以产生这样的想法是源于内心的恐惧和不安。小吴并没有对任何人生气，只是罗伟自己在生气，把怒气投射到了小吴身上而已。这就好比照镜子，明明是自己在生气，却认为是镜中人在生气。

从案例中可以看出，恐惧型愤怒者罗伟认为，小吴给自己带来了威胁，感觉自己就是一个无辜的受害者。因此，他学会了先下手为强，先把愤怒投射了出去，以此来获得自身的安全。这就是恐惧型愤怒者常用的方法。

> **心理学知识拓展**
>
> 投射攻击型愤怒的人，看起来似乎是消极的，但实际上，他们和消极攻击型的人一样，因为他们并不是真的消极。他们是非常愤怒和积极的人，只不过内心十分害怕承认和表达愤怒而已。相反，他们喜欢把愤怒投射在别人身上。所谓投射，是一种用以缓解愤怒、焦虑、痛苦等的无意识防卫机制，是一种将自身的不良品质、行为或情绪归结于别人身上，而肯定自己的行为。

⚡ 四个步骤改变投射攻击型的愤怒方式

我们知道,恐惧型愤怒的人喜欢把内心的恐惧投射给他人。他们这种否定或逃避愤怒的行为,一是因为自身害怕愤怒,二是因为愤怒被认为是一种不可接受的情绪。如果你也喜欢这么做,那么,你要做出适当的改变了。下面几个步骤有助于你摆脱这些消极的观念和这种不健康的愤怒形式。

1. 揭示对愤怒感到消极的原因

要想克服对愤怒的消极观念,首先必须知道一个人的愤怒由何而来。一般来说,一个人的愤怒很大程度上取决于生长的家庭环境。

一些具有投射攻击型愤怒方式的人,就是在将表达强烈感情的行为视作是软弱的家庭中成长的。在这样的家庭中,由于父母往往比较专制,孩子只能盲目遵从父母,并且绝不能质疑他们的权威。因为质疑或对抗,会被父母更加严厉地压制回去。一旦在这样的家庭环境中长大，就会变得像父母一样具有攻击性，长大后就很容易成为愤怒的人，尤其是投射型愤怒的人。

同时，有些人在成长过程中，被告知愤怒是邪恶的，是不好的。如果一个人受到这样的教育，那么，他可能会学会压制自己的愤怒。每当感到愤怒要爆发时，头脑中就会有个声音对自己说："不能发怒，否则会受到惩罚。"

如果你经常看到身边的人因为愤怒而情绪失控，言行粗暴，你会在内心告诫自己不能像他们一样，决心不让自己成为一个暴力的人，因此你会压制内心的愤怒，不让它显露出来。对你来说，任何愤怒的表现都可能会导致暴力，因此你害怕发怒。

对愤怒感到消极会令你无法正确、积极地面对愤怒，因此，改变消极的观念是改变投射型愤怒的第一步。

2. 改变对愤怒的错误观念

你可能认识到了愤怒是每个人都会有的情绪，但并不意味着你会随意发怒。你对愤怒的错误观念控制着你，你很担心自己一旦发怒就会彻底被它控制。可实际上，你已经愤怒了，自己却没有意识到。

那么，到底该如何对待愤怒呢？首先你必须改变自己的错误观念。下面，我们做一个对愤怒观念的练习。

（1）列出你过去和现在对待愤怒的观念。比如，"愤怒真是一件糟糕的事""愤怒会让人失控，出现暴力行为"。

（2）把你写下来的内容读一遍，仔细思考一下，并把你现在认为不正确的观念划掉。

（3）把你现在认为是正确的观念打钩，然后仔细思考你打钩的几条，再一次确认它们的正确性，并想想这些是否适用于你现在的生活。

每当你感到快要愤怒时，就回想一下你给自己列出的愤怒观念。如果又出现那些你已经划掉了的观念的话，就告诉自己："我已经不这样想了，这样想是不对的。"然后，再一次抛弃这些错误的想法。通过不断的练习，你就能逐渐学会正确地应对愤怒。

3. 收回投射出去的愤怒

投射行为，是指将你具有的但不愿承认的感受和反应，比如，你害怕自己的这种感受，或害怕过去有过的这种感受归结到别人身上。这就好比投影仪将画面投射到屏幕上一样，你将那些你害怕拥有的，或以之为耻的某些东西投射到别人身上。愤怒也是如此。

或许你会说，我们将愤怒投射出去了还能收回来吗？其实，只要你敢于承认自己的愤怒，你就能收回投射到他人身上的愤怒。

要想收回你投射出去的愤怒，先要留意你是在何时将愤怒投射到他人身上的。下面这几个方法或许对你有帮助：

（1）不要自己认定别人是否发怒，而是要对此进行验证。如果别人告诉你他没发怒，就要试着去验证他说的话。因为这可能

第六章 不安而怒，因恐惧而"迎战"的另类反应

是你将自己的愤怒投射到对方身上了，所以他人说的话也可能是真的。

（2）你对别人的愤怒敏感或害怕的程度。如果你的爱人怒气发作，乱摔东西，那么你害怕是有理由的；但如果她只是说自己很生气，那么你是不会害怕的。如果你的害怕没有理由，就应该问问自己，你所害怕的是不是自己的愤怒，或者是自己曾经感受过的愤怒。

（3）你对他人的愤怒进行批判的频繁程度。我们批判他人的行为很可能就存在于我们自己身上，但是我们又不愿意承认。虽然并非对他人的所有批判都是投射行为，但是当你对他人的反应显得比实际情况激烈时，你就要留意自己是不是愤怒了。

4. 承认并接受你的愤怒

在你每次意识到要愤怒时，不妨把它写下来，记下你愤怒的原因，并描述你在愤怒时的感受。同时，写下你对愤怒的处理方法。比如，你可以这样写，"他真是睁眼说瞎话"，"我真想扇他几个耳光，让他知道如何学会说真话"，等等。

在你写完对付惹你愤怒的人的所有方法之后，提醒自己这只是你愤怒的想法，而不是伤害他人的实际行动。你只是写写而已，别人是不会知道的，他们不会因为你这么想而受到伤害。

你要知道，否认愤怒会比承认愤怒更有可能伤害他人。所以，当你愤怒的时候，不妨大胆地承认，因为你越是允许自己产生愤

怒，就会越少将愤怒投射到他人身上。可能你会因为允许自己发怒而产生愧疚，你可以这样安慰自己：

"每个人都会发怒，我是一个平凡的人，自然也不可避免。"

"我只是想把愤怒发泄出来，并不想去伤害别人。"

承认自己的愤怒并接受它，说明你的深层次观念正处于改变的过程。当然，完全适应这种状态需要一些时间。如果你能够收回更多的愤怒，那么，你感到的愧疚和不安就会更少。

心理学知识拓展

投射性认同，指的是当一个人拒绝或否认自我的某些方面，而把这些方面投射到关系亲密的人身上时，就会觉得这些从自己身上分离出来的情绪好像真的存在于对方身上一样。在产生投射性认同的情况下，你不愿承认的观念和感受看起来好像存在于对方身上，而非自己身上，而且对方也被你的暗示和刺激推动着去行为，好像他们实际上就是那样。然后你就能代替对方说出他们表现出来的而你不肯承认的想法、感受和情感。

⚡ 学会信任，彻底释放内心恐惧

恐惧型愤怒者思考问题的方式和常人有所不同。平常人这样想，他们可能会那样想。正是不合理的思维方式导致了恐惧型愤怒者出现种种异于常人的行为。因此，要想减少猜忌和怀疑，就必须改变思维方式。

通常来讲，要想解决恐惧型愤怒者对人的不信任和怀疑，可以从两个方面着手：一是了解并接受自己的愤怒，二是尝试去信任别人。

1. 了解和接受内心的愤怒

要想改变愤怒，首先你要正视它。恐惧型愤怒者在愤怒的时候，通常会认为是别人在生气，因为他们总是把愤怒投射给他人。

现在，是时候承认自己的愤怒了，承认自己的愤怒伤害了他人。且不必为此感到不安，因为别人和你没什么两样。接受这些东西，就当自己是个平凡人。

可能你会感到内疚，因此才把愤怒藏起来。其实，这样根本解决不了问题。你只是有了这样的想法而已，并没有付诸行动。所以，你大可不必如此想和做，承认自己的愤怒才是最好的方式。否则，它就会变成迫害妄想的一部分，造成的伤害比接受它更加严重。

2. 学会信任，释放愤怒

我们知道，恐惧型愤怒者总是难以信任他人，他们怀疑他人会攻击自己，并为此感到恐惧，认为自己无辜又脆弱。事实真的如此吗？其实，这只是恐惧型愤怒者的妄想而已，别人都有自己的事，没有人整天想着去毁掉一个人的生活。

你不妨试着去相信别人，不再扮演那个无辜的受害者，并试着接受自己的愤怒，停止向他人投射。那么，如何才能信任一个人呢？通常的做法是找到证据。不过，对于恐惧型愤怒者来说，这一点可能比较难。

为什么这么说呢？因为他们很难对证据做出判断，原因在于他们过于迫切地证明他人是坏的，这样的思维会导致他们凡事都往坏的一面想。就好比发现一袋苹果烂了一个，就认为整袋苹果都是坏的。

如何才能改变这种思维，做出正确而科学的判断呢？

（1）寻求他人的帮助。当你怀疑别人或觉得自己是无辜的受害者时，那就寻求身边没有被迫害妄想的人的帮助吧。告诉他们你的情况，让他们帮助你分析，所谓"当局者迷，旁观者清"，他人看待问题的角度会与你不同，或许他们可以指引你从多个角度去看待你所面临的问题。

（2）做出属于你的决定。他人帮助你指出了问题，接下来就是你做决定的时候了。你可能内心还是多少有些怀疑，但身边的人都说没问题，那就不妨相信他们一次吧，或许真的是自己错了。如果你实在找不到证据，那就及时停止对别人的指控吧！下面的几句话有助于你更加信任别人：

◎这次我不再将任何情绪转移给他人。

◎别人都有自己的事，应该不会总是设法加害于我。

◎我可以选择相信他人。

◎我应该接受自己的愤怒，并把它看作日常情绪的一部分。

◎时刻防备真的有必要吗？我应该放松下来。

在内心多对自己说这样的话，暗示自己世界并没有那么多欺骗，让自己去相信这个世界的美好。每当在你要生气的时候，就在心里对自己默念以上这几句话吧。当你能够做到不再怀疑别人时，你会觉得生活充满友爱，你也将不再愤怒。

心理学知识拓展

你可能会被愤怒控制，从而变得极其不理智。因此，在还没有愤怒的时候，你应该树立正确的面对愤怒的方法：

（1）愤怒的发展是循序渐进的，会有不同的阶段，它不是只有"打开"或"关闭"两个状态。理解这一点可以让你更好地控制愤怒。

（2）恰当地表达愤怒是有益的，而且在人际关系中，直接表达愤怒也是必要的。不过，你要注意方式，通过大发雷霆或暴力等方式表达愤怒则是危险的、不可取的。

（3）长期压制愤怒是有害健康的，这和经常表达敌意或愤怒一样。所以，你要通过适当的方式把愤怒发泄出来，让内心获得平静。

第六章 不安而怒，因恐惧而"迎战"的另类反应

心理测试 恐惧情绪心理测试

俗话说："一朝被蛇咬，十年怕井绳。"恐惧是在真实或想象的危险中，我们深刻感受到的一种强烈而压抑的情感状态。一个内心充满恐惧的人通常会出现神经高度紧张，注意力无法集中，难以正确判断或控制自己的行为等特征。

事实上，每个人都会恐惧，但因人不同，恐惧程度也不同。想知道你的恐惧值吗？下面就来测试一下吧！

1. 你对长辈很敬畏吗？

A. 对某一个敬畏

B. 有时会

C. 忘记了

2. 你做事情的时候，会经常感到力不从心吗？

A. 遇到困难时会有

B. 无法解决问题时会有

C. 从来没有

3. 你害怕自己有一天丢掉工作吗?

A. 经常忧心

B. 有时会

C. 从未有过

4. 你很在意他人评价你的形象吗?

A. 是

B. 偶尔会

C. 不在乎

5. 你害怕面对或接触权威的人吗?

A. 感到恐慌

B. 不愿多接触

C. 很淡定

6. 见到别人养的小宠物,你有什么反应?

A. 害怕

B. 不自在

C. 很喜欢

7. 你害怕有一天失去你的恋人吗?

A. 是的

B. 有时会担心

C. 毫不担心

8. 你对自己未来的健康担忧吗?

第六章 不安而怒，因恐惧而"迎战"的另类反应

A. 一直感到担忧

B. 生病时会忧虑

C. 没有任何忧虑

9. 你在决定一件事情或是拿主意的时候，心态是怎样的？

A. 总是担心出问题

B. 偶尔心神不宁

C. 很自信，认为不会有问题

10. 你对做的任何事情都能负起责任吗？

A. 不能

B. 愿意承担自己的责任

C. 愿意负全责

评分规则

各项题目选A得1分，选B得2分，选C得3分。最后，将各项得分相加得出总分。

结果分析

（1）10～14分：说明你经常性地有恐惧情绪，这种恐惧的产生很可能是因为以前的某些失败，使你产生了一定的自卑心理，从此几乎害怕做任何事。这需要你在日常生活中逐渐自信起来。

（2）15～24分：说明你生活中大部分时间都不会感到恐惧，但在一些关键场所或面临重大选择时会有恐惧感。因此，你需要继

续历练,越是关键时刻越不能恐惧,这样才能取得更大的成功。

(3)25~30分:说明你的心理是健康的、大度的,你勇往直前,无所畏惧,生活上和工作上都会取得不错的成绩。但是要适当地谨慎一些。

第七章

义愤过度，优越感引发的心理不适

每个人都有自己的价值观，对很多事都有自己的看法。比如，对他人的行为感到愤怒，对某人的遭遇感到愤愤不平，等等。这种对他人行为所做出的道德评价，体现了一个人的正义感。本章要讲述的内容就是义愤下的愤怒，以及如何处理这种愤怒。

⚡ 公平和正义下的义愤者

有这样一个故事：

在一个餐厅里，一对情侣坐在一起，男方不断地责骂女方，甚至开始拳打脚踢，女方看起来很可怜。

在场的其他客人，起初见到这样的情形都只是观望。随着时间的持续，有的客人开始过来劝男方，说有事情可以商量，没必要动手打人。然而，其他人的劝解并没有让男方停下自己的行为。

最后，有些客人看不下去了，过来拉开了男方，并报了警。

为什么客人会有这样的行为呢？这就是人们在看见不公平事件时，出于义愤而引发的愤怒。其实，类似于这样的事件生活中处处可见。当人们看见某些不符合大众认知或是触犯道德底线的事件时，就会心生愤怒，甚至产生过激的行为。

每个人都会有自己的道德观。比如，你愿意看见他人身处危险而不管吗？你愿意为一件伟大的事而做出牺牲吗？你愿意冒着危险去曝光一件黑暗的事吗？你愿意顶着被辞退的风险大胆地说出公司存在的漏洞吗？所有的这些事件，你将做何选择，也就是说你会为谁而战？这主要取决于你的道德观。如果你不是参与者，而是旁观者，他人的做法一旦不符合你的道德观，即在你感觉到自己的价值感和信仰受到威胁的时候，愤怒就产生了。这就属于道德型愤怒。

道德型愤怒的人总会为了某件事而愤愤不平。比如，看见一个孩子被虐待了，就会引发心中的义愤，这种义愤就是对于不公正现象的回应。为了公平、正义而战就是道德型愤怒的人认为的正确的、应该做的事。

下面，我们来看一个例子：

小高是一位通勤人员，每天不仅要保证乘客上下车的安全，还要处理一些突发性的事件。比如，有些乘客为了赶时间，随意插队等。

有一次，公交车站很早就排了长长的一队。一位小伙子东望望西望望，趁机见缝插针，见个空档就挤了进去，此时有些排队的乘客开始议论。不一会儿，车就开过来了，没想到小伙子又一次跑到最前面去。

这个时候，几乎所有的人都开始发声了："还有没有点素质，通勤人员都不管吗？"此时一位气急的小姑娘走上前去，轻拍小伙子的肩膀说道:"到后面排队去。"

没想到小伙子也不示弱,随口说道:"关你什么事?一边凉快去。"

小姑娘气不过又争论了几句,没想到,小伙子竟动起了手。在场的其他乘客再也看不下去了,直接围住了小伙子。

这时,在一旁忙碌的小高才注意到这边发生的事情,于是赶忙过来制止,才避免了事态的进一步恶化。

道德型愤怒的力量是强大的,这种力量有可能会带来社会的变革。需要注意的是,过分的道德型愤怒也会存在危险,一旦它成了一种无意识的习惯,过于敏感的道德感也会使自己陷入不断的麻烦之中。

> **心理学知识拓展**
>
> 了解自身的性格类型有助于巧妙地运用愤怒激发的力量。比如,你对令人恼火的情境倾向于快速反应,甚至是做出冲动的行为,说明你是火爆的性格。反之,如果你能冷静地和对方理论,温和地解决问题,说明你的性格比较温和。
>
> 性格作为人的一部分,一生当中很难得到本质的改变。不过,年龄可以减缓你对刺激的反应速度,但依旧有一些年

第七章 义愤过度，优越感引发的心理不适

长者有着一触即发的暴躁性格。因此，每个人都要了解自己的性格，并在此基础上确定自己需要多长的时间控制自己的反应。

⚡ 正确看待内心的道德优越感

道德型愤怒把道德和愤怒结合在一起,往往会变得具有危险性。道德型愤怒的人会这样思考:"你的行为真是太让我生气了,我在道德上比你优越多了,所以,我有理由指责你。"

的确,生活中很多人都会觉得自己比别人道德优越,那么,你是不是这样一个人呢?下面这个练习或许能够帮助你找到答案:

练习准备:

找一个家人或朋友做搭档,准备两把椅子。

步骤一:

你们面对面地坐下来,聊一些轻松的话题。比如,"最近刚上市的绿茶喝着真不错""你感觉那个新款夏装如何"之类的话题。

步骤二:

你站在椅子上,让你的搭档坐在地板上,然后你开始俯视你的搭档,这时你会产生什么感觉,是"哇,高高在上的感觉真好,我

第七章 义愤过度，优越感引发的心理不适

很沉醉"还是"一点也不好，太不自然了，我感到不知所措，甚至有点头晕的感觉"？把你真实的感受说出来，可能你会觉得这样有点不道德，从而不说实话，但请务必说出实话，并让对方说说对你的感受。

步骤三：

交换位置，让你的搭档站在椅子上，你坐在地板上，同样说出你的感受。

步骤四：

重新坐回到座位上，然后和搭档谈论刚才发生的事情。

在以上三种情境中，三个角色的转变会带来不同的感受，试着问问自己：在每个位置上的感受如何？哪个位置更吸引你？你的回答能够得出你是否具有道德优越感。如果你站在椅子上感到极其舒服，甚至沉醉，那么你可能就存在道德优越感方面的问题。

在当下的生活中，你和某人争吵而生气时，你会不会做出站在椅子上的那种气势？你会对不支持你观点的人大发脾气吗？如果这些都是确定的，那么，说明你站在了道德的制高点。

就像前面说的那样，过分的道德型愤怒是有危害的，如果你长期站在椅子上，就会习惯这种颐指气使的姿势。即便是面对非道德的问题，你也可能站在道德的立场上。这样就会使本来是小事的问题变得很严重。

所以，假如你发现自己已经习惯了站在那张象征着道德优越感

的椅子上时，你就要注意了，你要设法让自己从上面下来，不然最终的结果可能会是从上面重重地摔下来。

心理学知识拓展

优越感是指一种蔑视或自负的心理状态，是一种自我意识。大多数人都会不同程度地拥有某种优越感。比如职业优越感、长相上的优越感等。它一般指自以为在生理方面、心理方面以及其他方面长于别人、强于别人的心理状态。奥地利心理学家阿尔弗雷德·阿德勒认为，人的总目标是追求"优越性"，是要摆脱自卑感以求得到优越感。具有优越感的人，常常容易以高傲、固执、自我欣赏等不适当的方式表现出这种心理状态。

⚡ 培养共情力,告别无缘无故的指责

共情力是指准确推断他人特定想法和感受的一种能力,也称为移情、同感等。简单地说,就是换位思考。一般来说,具有共情力的人拥有以下特征:

具备较高的体察自我和他人情绪、感受的能力,能够通过表情、语气和肢体等非言语信息,准确判断他人的情绪与情感状态。

懂得换位思考,设身处地去感受和体谅他人,并以此作为处理工作中人际关系、解决沟通问题的基础。

倾听别人想说的话,说让别人想听的话,以对方有兴趣的方式,做对方认为重要的事情。

所以,一个共情力强的人能够走进别人的内心,对他人的行为、语言、思想有相同的感受,且乐意通过他人的眼光看待这个世界。

对于道德型愤怒的人来说,起初他们会对他人遭受不公的对待

感到同情，甚至愤怒，并采取行动。久而久之，道德型愤怒者就会变得过于自信，认为只有自己的想法才是对的，别人都是错的，总是过于敏感地谴责别人的行为。

下面，我们来看一个例子：

楚婷和方奇是一对情侣。为了保持身材，楚婷和闺密一起办了一年的健身卡，还请了一个私教。这件事情被方奇知道了，当时他就怒气冲冲地说道："去什么健身房，你能有这个毅力？真是浪费钱。"

接着，不等楚婷开口，方奇就不停地把能想到的不让楚婷去的理由都说了个遍。其实，他之所以愤怒，是因为他很担心自己的女朋友的安全，因而大发脾气。

在这个案例中，方奇对女朋友楚婷的行为进行了谴责，他甚至都没有给对方解释的机会就不停地数落。如果他能够理智地先问，可能楚婷会这样回答："最近感觉自己胖了不少，正好闺密的好友开了一家健身房，趁着优惠我们就一起办卡了，请的私教也是闺密的朋友。和闺密一起健身不仅有伴，也容易坚持下去。"

可惜的是，方奇并没有给楚婷这样的解释机会。方奇通过愤怒想让对方感到内疚，这是道德型愤怒者最喜欢用的方式。他试图通过这样的方式让对方觉得是自己错了，然后听从他的意见。

要想改变这种愤怒，培养共情力是有效的手段。因为共情力强的人会耐心倾听而不是一味地指责，他们会站在对方的角度思考问题，并接受各种思想和价值观。

所以，注重倾听，在自己愤怒之前，先不带批判地问问别人为什么会这样做。接着在对方允许的情况下，问更多的问题并继续倾听。这样你的愤怒会在得到的答案中平息下来，因为倾听能够让你站在他人的角度看待问题。

> **心理学知识拓展**
>
> 心理学家认为，共情力是认知能力和情感能力的结合体。这种认知能力以自身丰富的经历为基础，比如，从小在富裕环境中长大的孩子对于困苦的人就很少产生共情；而对于这种情感能力，如果不加以保护培育，可能受环境的影响而埋没。
>
> 有研究表明，刚出生的婴儿身上就存在着某种最基本的共情心理，儿童共情水平的发展随年龄增长而下降。因此，我们要有意识地培养自己的共情能力，才不会使其退化。

⚡ 学会与指责者和睦相处

有些道德型愤怒过头的人，往往会对一些不存在道德问题的事情也加以指责。当然，在他们眼中这种指责是正常的、理应进行的行为。也就是说，道德型愤怒者在觉察到事情不符合他们的价值观或道德观时，就会迅速做出反应，常见的方式就是对他人进行指责。

道德型愤怒者总是认为自己站在道德的制高点上，他们内心经常这样想："我比任何人都高尚，我能够准确地分辨对错，我有权利指责别人。"所以，他们的指责很多时候也会显得不合理。

如果有一个道德型愤怒者总是责备你或错误地谴责你，你会怎么办呢？下面的方法或许对你有所帮助。

1. 不否认，也不承认

你的行为在道德型愤怒者的心中已经被认为是错误的，那么，如果你进行否认，只会带来更激烈的争吵，不断地否认会使你看起来像个小孩。因此，在遇到这种情况的时候，不妨只听听就好，但别往心里去。比如，对方认为，遇到乞讨的人要进行帮助，你可能担心被骗而无视。那听听就好，如果非要阐述自己的观念，结果就有可能会争论不休。

2. 不进行辩解

被指责会让人感到不舒服，尤其是当某种指责是无故的时候。但是在偏执的道德型愤怒者眼中，试图证明你真的没有做那些事情的举动，只会让人觉得你愚蠢、幼稚、心虚。因此无论你如何辩解，指责你的人都不会相信你。

3. 对指责不畏缩

不否认、不辩解，并不意味着你要软弱，换句话说，你应该坦然地去面对，把它当作一种平常事。如果你保持消极，甚至畏缩的话，那么你就有可能会把别人对你的批判记在心里，这将会削弱你的自尊和力量。

4. 不进行反击

在面对道德型愤怒者的指责时，如果你决定要反击，或是你想赢得争吵，那么你只会让他们更加怒气冲天。要想平和地相处，不反击才是更好的选择。当然，你最好是转移话题，或是找借口离开。

以上四个方法都要求我们回避道德型愤怒者的指责，这真的是合理的方法吗？是的，在面对一些不太重要的指责或不同的观念时，你应竭尽所能保持中立。你可能还需要积极地聆听对方的讲话，并理解对方所讲的内容，但你内心是可以不赞同对方观点的。如果你觉得差不多了，告诉对方换个话题吧；如果他还想继续，那你选择走开就好。

如果对方的指责很严重和荒谬，你想要保持克制就更加困难了，你的愤怒之火很可能一点就燃。你依然可以这样想，"道不同不相为谋"，然后立即离开。这也是一种不错的应对方法。

> **心理学知识拓展**
>
> 萨提亚模式把个人和他人的互动模式称作沟通姿态，即个人将信息赋予意义，传送出去，同时将外在信息接收进来，并在内心或外在行为上做出反应的过程。萨提亚认为，任何一种沟通姿态都涉及自我、他人和情景三个层面。由于个体的不同，每个人的生存姿态都是不同的。
>
> 指责型生存姿态作为沟通姿态的一种，是用不一致的方式反映了这样一条社会准则——我们应该维护自己的权利，不接受来自任何人的借口、麻烦或辱骂，即我们绝不可以表现得软弱。

⚡ 放下固执，变通是化解彼此怒火的纽带

固执就是坚持己见，不懂得变通。在日常生活中表现为一意孤行，只相信自己，不相信别人。很多义愤型愤怒者也是爱钻牛角尖的固执者，他们的思维僵硬死板。在他们看来，自己的观点是对的，别人的都是错的。并且他们对很多事情固执己见，没有折中的办法。

下面，我们来看一个例子：

春节本是全家团聚的日子，然而林启和柳眉却很发愁——今年到底该回哪个家过节。往常都是轮流着回双方父母家过节，今年本该回柳眉家过春节的，可是因为孩子才几个月大，林启觉得还是不要去上千公里远的柳眉家过节了。

可是，柳眉却说："这是不行的，今年就应该回我娘家过春节，这事早就定好了的。"

林启温和地说："因为孩子还小，一路上折腾太累了。要不等孩

子大些，我们再多回几次你娘家过节吧。"

"不行。不回去的话，我父母肯定会很失落。回你家的话，你是孝顺了，可是我就不孝了呀，所以今年一定要回去！"柳眉生气地说道。

这个案例中，柳眉的态度很坚决，"应该""一定"等词语体现了她对自己意见的固执。义愤型愤怒者通常比较喜欢用这样的词。"应该"和"一定"等词语，暗示着一种应尽的道德义务，如果对方不这样做，说话者就会大发脾气。

柳眉在回谁家过春节这件事上没有让步，因为在她看来，她是对的，是林启错了。如果不回自己娘家过春节，就是对父母的不孝顺。其实，柳眉的思维有点死板，她可能并没有考虑到实际情况，也完全不愿意采取折中的办法。如果她能灵活变通一些，把自己的父母接过来过节也是一样的。

因此，义愤型愤怒者完全可以让自己变得灵活一些。因为不管自己是否愿意，事物都在不断地变化。所以这类愤怒者要善于听取他人的意见。

通常来说，如果你对待别人是死板的，那么，对待自己也大抵如此。如果你被他人认为是固执的人，那不妨试着这么做：

◎拿一张纸和一支笔，把你认为自己应该做的事写在上面。

◎写完之后，再把每一条的"应该"改成"可以"。

◎把没改和改完后的每一条读一遍。比如，先读"今年应该回娘家过年"或者"你应该把父母接过来"。然后再读改完后的,"今年可以回娘家过年"或者"你可以把父母接过来"。注意两个句子读起来的感受,让自己接受"可以"的句子。

◎你还可以把其他人,比如有意见的对方应该做的事写出来,然后把"应该"改成"可以",并试着接受"可以"。

总的来说,义愤型愤怒者对于自己相信的事情不会有丝毫妥协,这有时候是正确的。不过,坚定自己的立场需要把握一个度,那就是不要让自己陷入僵局。尤其是在愤怒的时候,如果能够灵活一些,放下自己的固执,听一听他人的意见,你会发现另一种解决方法也是行得通的,自己根本就没必要如此生气。

心理学知识拓展

固执心理是一种偏执型人格障碍。拥有这类心理的人往往表现出敏感多疑、妒忌他人、过高评价自己、不接受批评、易冲动、诡辩、缺乏幽默感等特征。固执的人常常易与身边的人发生矛盾或冲突,因此,固执是人际交往的大敌。固执心理会形成一种习惯,当他人破坏这种习惯时,就会使个体产生不愉快、不舒服,甚至苦恼的情绪,从而引发攻击性行为,从而表现出更加强烈的固执。要想克服固执,就要正确地看待自己,丰富自己的知识,乐于接受新事物,并克制自己的抵触情绪和不良行为。

心理测试 心理承受能力测试

生活中，我们不可能总是一帆风顺，免不了会遭遇一些困难、麻烦、危险、挫折，甚至失败。这就要求我们有强大的心理承受能力。如果我们的心理承受能力差，在遇到上述状况时情绪就会不稳定，甚至产生极端行为。而良好的心理承受能力则能够轻松地应付外部环境的冲击。

那么，你的心理承受能力如何呢？是否能够轻松地应对生活中的一切困难？下面不妨来测一测吧。

1. 你对任何挫折和困难都不畏惧吗？

   A. 是　　B. 否

2. 你喜欢外出冒险或者是进行一些刺激的活动吗？

   A. 是　　B. 否

3. 你所在的集体或者身处的环境使你感到温暖吗？

   A. 是　　B. 否

4. 生病的时候，你还能保持快乐吗？

A. 是　　B. 否

5. 你认为你在家里的地位不可或缺，家人都需要你吗？

A. 是　　B. 否

6. 你每周都会运动一次吗？

A. 是　　B. 否

7. 在工作中，你觉得领导欣赏你吗？

A. 是　　B. 否

8. 每当心情不好时，你的食欲和平常一样吗？

A. 是　　B. 否

9. 你经常和同事交流意见吗？

A. 是　　B. 否

10. 你会认为自己受到的挫折跟别人比起来根本算不了什么吗？

A. 是　　B. 否

11. 你有能谈心的朋友吗？

A. 是　　B. 否

12. 你认为自己很强壮吗？

A. 是　　B. 否

13. 大多数时候，你对未来都满怀信心吗？

A. 是　　B. 否

14. 你在家里能得到关心和爱护吗？

A. 是　　B. 否

15. 即使面对困难，你心里也坚信这只是暂时的，总会过去的。

A. 是　　B. 否

16. 如果晚睡的话，第二天你会感到疲倦吗？

A. 是　　B. 否

17. 你会经常觉得生活很累吗？

A. 是　　B. 否

18. 当你看完恐怖片的时候，你会很长一段时间感到害怕吗？

A. 是　　B. 否

19. 你是否觉得自己有些神经衰弱？

A. 是　　B. 否

20. 在工作中，一旦业绩不理想，你就会心情不好吗？

A. 是　　B. 否

21. 当你和某一个同事闹矛盾后，你一直觉得在一起相处很尴尬吗？

A. 是　　B. 否

22. 你认为自己是弱者吗？

A. 是　　B. 否

23. 在工作会议上，当别人问到你的意见时，你回答得并不好，会议后你会感到懊恼吗？

A. 是　　B. 否

24. 初到一个陌生的环境，你会有水土不服的现象吗？

A. 是　　B. 否

25. 你有偏食的习惯吗？

A. 是　　B. 否

26. 当你与家人发生争吵时，是否爱赌气搬出去住？

A. 是　　B. 否

27. 看见虫子、老鼠等讨厌的东西，你会害怕吗？

A. 是　　B. 否

28. 如果现在就上床入睡，你会担心睡不着吗？

A. 是　　B. 否

29. 你躺在床上，总是想一些乱七八糟的事情，以至于久久不能入睡吗？

A. 是　　B. 否

30. 在陌生的社交场合，你和不认识的人说话，会感到窘迫吗？

A. 是　　B. 否

评分规则

在1～15题中，答"是"得1分，答"否"得0分；在16～30题中，答"是"得0分，答"否"得1分。将各题得分相加得出总分。

结果分析

（1）0～9分：说明你的心理承受能力差，遇到困难容易灰心，不能积极地去面对，经常有挫折感。

（2）10～20分：说明你的心理承受能力一般，对于生活中一些小的压力能够轻松地应付，但是一旦压力过大，你就会产生心理危机，感到不适应。

（3）21~30分：说明你的心理承受能力很强，无论遇到什么困难，你都能保持旺盛的精力，积极面对。

第八章

仇恨激发愤怒，无法挣脱的内心束缚

生活总是充满矛盾，很多时候我们之所以会痛恨一个人，是因为对方的言行伤害了我们，使我们心里有满腔的愤怒无处发泄，逐渐演变成了恨意。可以说，仇恨和愤怒的情绪伤人伤己，尤其是仇恨型愤怒，会爆发更大的危害。本章将告诉你如何化解仇恨，消除愤怒。

⚡ 仇恨的形成条件及其特征

每个人都有自己的好恶，也对某个人或某件事心生过恨意。那么，什么是仇恨呢？在尼采看来，仇恨是因为内心存有怨恨和报复的欲望，存在着嫉妒和不满，却一时不具备足够的能力来付诸行动。这一方面可能是由于自身力量弱小或缺乏勇气，另一方面也可能是对于所仇恨对象的忌惮与恐惧。

仇恨是一种恐怖而强大的武器，内心充满仇恨的人会攻击自己仇恨的一切，即便仇恨对象是自己，也会进行自我伤害，甚至终结自己的生命。其实，人之所以会产生仇恨是有条件的，一是内心受到过深深的刺痛，二是有仇恨的对象。

1. 内心受到过深深的刺痛

没有无缘无故的爱，也没有无缘无故的恨。仇恨的产生必然是内心受到了深深的刺痛。这就好比那些受过枪伤而子弹未取出的人，遇到阴雨天便会旧伤复发，每到这个时候他们就会更加仇恨战争，仇恨让自己受伤的敌人。

这里需要说明的是，这种痛苦的起源和强度受到两个方面因素的影响。

（1）依赖个体的主观感受。不同的个体对于同一个外部事件产生的体验是不同的。比如，跑步对喜爱它的人来说是很享受的事情，而对于靠此减肥的人来说可能就是纯粹的被动行为。

（2）创伤事件的现实基础。包括环境、应激等具体事件。比如，一个人进入似曾相识的受伤害环境中，就会被激发仇恨，类似于触景生情。

2. 必定有仇恨的对象

仇恨者必须找到某个外部的客体作为仇恨投注的对象，也就是为内心的仇恨找一个发泄对象。在仇恨对象的选择上，同样的创伤事件发生在不同的人身上，选择也是不同的。

大多数时候，我们都把仇恨发泄在直接让我们受伤的人和事上。此外，我们还常常把仇恨发泄在一些抽象的概念上，比如命运、时间、学说或者理论。而当无法在外界寻找到一个仇恨对象时，我们甚至还会仇恨自己。这种仇恨强烈到一定的程度时，就会导致自杀的发生。

仇恨的显著特征之一是持续的时间相当长。比如，我们常常听见别人说"我永远也不会原谅你"或者"我永远都会记得你对我的羞辱"。一旦这样的仇恨形成，就会让人深陷其中，且无法过上安定的生活。另外，仇恨还有着以下几个特征。

1. 仇恨是针对外部对象的负面情感

仇恨从产生的那一刻起，经过发展、变化直至发泄或消解，整个过程中仇恨主体很少会埋怨自己，即不能正确地看待自己，不反思自己的言行是否合理，而是一味地把仇恨向他人发泄。

由于仇恨主体在遭受伤害时，既不能通过内部归因来自我消解不满情绪，也无法通过理解与宽容的心态面对外部原因，从而逐渐郁积成了仇恨。

2. 仇恨是无能力复仇而选择的忍耐

如果仇恨者力量强大，能够在第一时间寻求报复，那么仇恨便不复存在了。实际情况是，人之所以还会有仇恨，就是因为仇恨者力量不够强大。因此，只能在情绪上表现出嫉妒、不满、愤怒或者怨恨，最终由于实力不强大而选择忍耐和等待。

不过，在隐忍的过程中，仇恨也会发生变化，大致有以下几种可能。

（1）提前终结。仇恨者不断努力寻求报复，但是由于彼此力量悬殊或是屡屡不能实现，对复仇感到渺茫且深陷其中，越来越痛苦。于是仇恨者心灰意冷，沮丧绝望，从此放弃仇恨。

（2）自我转移。通常仇恨都是有外部指向性的，但当仇恨无法向外部实施报复时，有时会将对象指向自身，于是出现自我虐待的行为。比如，认为自己无能，无法复仇，一味责怪自己，甚至伤害自己。

（3）弱化转移，指仇恨者因仇恨对象强大而感到报复无望便主动转移目标。比如，仇恨者把被仇恨群体中相对弱小的某些个体当作报复的对象，由此表达对整个对象或群体的仇恨，从而达到间接满足仇恨的心理需要。

总体来说，仇恨者基于无能力而选择隐忍，在隐忍的过程中不断强化内心的情感体验，促使仇恨的累积。需要注意的是，报复是仇恨的首要根源，隐忍情绪压抑得越久，仇恨者的情绪强度也会变得越激烈。一旦有机会得以宣泄和报复，这种情绪便会以十分激烈的方式表现出来。

心理学知识拓展

仇恨不是一种容易宣泄的情绪，在很多时候，由于仇恨主客体双方地位上的对比明显和实力上的悬殊，使得仇恨者无力将愤怒、不满、嫉妒或怨恨等情绪及时发泄出来，因此，仇恨者只能选择隐忍。不过，仇恨也可以通过某种力量对比的改变或实际行动的实施而得以宣泄和消解。比如，仇恨者因自身利益、欲求得到满足，甚至拥有的价值总量超越仇恨对象，他们的仇恨便会慢慢消失。

⚡ 困在仇恨里的愤怒之火

人为什么会对他人产生愤怒？答案之一就是对方的言行让你内心受伤了。这个伤通常是被抛弃、被背叛、被误解等伤害，这些伤害进一步引发仇恨情绪，导致仇恨引发的怒火燃起。

通常来讲，很多人对仇恨引发的愤怒会有一些误解。我们需要建立正确的观点，这样才有利于化解仇恨和愤怒。

1. 真正愤怒的不是某个对象，而是因此产生的内心情绪

很多人会将愤怒发泄在仇恨对象身上，或是无法原谅仇恨对象。其实，我们真正无法原谅的不是某个人或某件事，而是难以接受由此产生的内心情绪。当我们不愿意为自己内在的糟糕情绪负责，更不愿意去感受它们的时候，就只好去责怪、怨恨那些给我们带来伤害的人或事。

比如，对方说的话让你生气，不是因为他说了什么，而是因为他说的话触到了你的伤疤，引发你痛苦的情绪，让你无法承受，所

第八章 仇恨激发愤怒，无法挣脱的内心束缚

以你选择用愤怒来反击，目的在于让自己减少感受到的痛苦。

2. 愤怒是源于对事情的看法，而不是事情本身

同样地，让我们产生愤怒情绪的不是某件事情本身，而是我们对事情的看法。从我们看事情的角度，衍生出了我们不想承受的各种情绪，因为我们不想承受，所以用愤怒的方式来逃避我们的难受。

正确认识愤怒和仇恨，对我们的心理健康是非常有益的。然而，大多数人都很难做到这一点，有些人会把仇恨"转嫁"，即自己无法承担面临的痛苦时，就去迁怒于别人。有这样一个故事：

有一对夫妻，他们的女儿想和同学租车从南方开到北方，再坐飞机回南方。母亲极力反对这个计划，认为太危险，不应该让孩子去做。父亲觉得让孩子做自己喜欢的事没什么不好，因此，决定支持孩子的计划。

很不幸的是，他们的女儿晚上开车，由于过度劳累不小心将车子开向了对面车道，和来车剧烈对撞，女儿当场死亡。

事后，父亲流着眼泪亲吻女儿的遗体，母亲则哭得晕过去几次，连站起来的力量都没有。她内心充满了仇恨，她宣称，这一辈子都不会原谅自己的丈夫，最后还选择了离婚。

这个故事中的母亲就是一个典型的仇恨型愤怒的例子。她自己无法承受失去女儿的痛苦，把一切罪责和怒火都转嫁给了丈夫。由

于无法接受失去女儿的事实,这位母亲没有办法和自己悲痛的情绪相处,所以她选择仇恨丈夫作为报复,最后选择离婚。

仇恨的怒火是相当可怕的。仇恨就像一条冰河,虽然流速慢但破坏力惊人;而愤怒则像是熊熊燃烧的烈火,能够焚毁一切。我们必须设法化解内心的愤怒和仇恨,生活才能得以平静。

心理学知识拓展

仇恨是心理学家弗洛伊德说的爱恨关系中的一部分。通常爱得越深的人,恨得也越深。爱和恨都是很强烈、很坚韧的情感,这说明仇恨者往往和自己的敌人有着密切的关系,他们的内心都被彼此占领。不过,爱的反义词并不一定是恨,还有可能是冷漠。因此,当仇恨被治愈的时候,我们之所以会释然,是因为我们对过去的事情的感觉变冷漠了。

第八章 仇恨激发愤怒，无法挣脱的内心束缚

⚡ 怨愤，基于怨恨产生的反应定势

生活中，很多人面对挫折时的承受力非常弱，他们即使处理最小的挫折也感到十分棘手，经常为小事而生气。比如，拿东西掉地上了，喝水时洒了一地，等等。这样的小事也会让他们怒气冲天，怨愤难平。

一般来说，这样的人会认为他们自己经常受到攻击，认为人人都在针对自己，没有人理解和关心自己。甚至认为命运总是和自己过不去，自己总是被无情地抛弃，这种失控感最终会导致他们持续的挫败感和愤怒。这种经常瞬间爆发愤怒的倾向就是怨愤。它与愤怒和仇恨不同。

1. 怨愤是一种反应定势

怨愤不是对具体的某个事件的反应，而是一种反应定势，或者说是一种倾向。也就是说，人的怨愤是对事物所做出的自动反应，处于怨愤中的人对外界环境是没有过多思考的。

怨愤的对象可以是某一个人或某一件事，也可以是没有具体形象和名字的"他们"。比如，经常有人这么说："我会让他们知道我是怎样成功的。""我迟早会证明给他们看。"

怨愤会使人将每一次分歧都看成威胁，因而感到周围充满危机，并对每一个认为是威胁的对象进行反击。它就好比是一只受伤的动物，为了自身的安全会攻击所有它认为是威胁的东西。当然，这种攻击并不会减轻内心的痛苦。

另外，怀有怨愤的人还会认为自己对他人造成的伤害是对自己所受伤害的合理反击。或许正是这种盲目的破坏性使怨愤变得危险。这种暴力倾向的强度和任意性一旦引爆，就会产生巨大的威力。

2. 怨愤的危害

和怨愤比，愤怒是存在程度轻重的。最轻微的愤怒几乎不会有任何伤害，严重的愤怒则会导致暴力、犯罪的发生。如果一个人对越来越多的情况感到愤怒，渐渐地愤怒就成为一种习惯性反应，甚至有时候发现自己经常怒火中烧，却说不清自己为什么要这样做。其实，这些说不清楚原因的经常性愤怒就是怨愤。同时，瞬间把自己和他人想到最坏；频繁地发脾气，一点小事就能怒火中烧；经常有暴力情节的幻想……这些也属于怨愤。

怨愤通常会让我们有不同的表现，如挖苦他人，怀疑他人，甚至攻击他人等。我们必须清楚地认识到人在沮丧、受辱时体会到的愤怒，与潜藏在平静表面之下的持续、凶恶、危险的怨愤是不同的。

比起愤怒，怨愤积蓄的威力带来的伤害会严重得多。比如，酗酒的男子在街上游荡，寻找并绑架或殴打柔弱的女性，甚至虐待她们；无缘无故的谋杀……所有的这些暴力事件，大多与怨愤关系密切。

在这些事件中，犯案者并没有受到任何威胁。他们之所以做出这样的举动，很大一个原因就在于他们曾经遭受过严重的心理问题的折磨，这些经历使他们内心充满了怨愤，于是在怨愤的驱使下发生了残忍的行为。这种病态的怨愤是一种极端的反应定势。

幸运的是，大多数愤怒的人并没有体验过这种极端的怨愤，而且怨愤也是可以得到控制的。如果一个人觉察到自己被怨愤支配，就要引起注意了，不要认为自己凭借意志力就可以控制内心的怨愤。因为在怨愤面前意志力不是万无一失的。一个人只有设法化解内心的怨愤，才能够真正地放下愤怒。

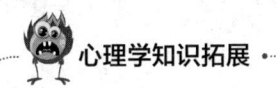

心理学知识拓展

反应定势是以最熟悉的方式做出反应的倾向，反应定势通常会使一个人的思维活动刻板化。因此，一个人怨恨某个人，就很难做到不愤怒。

⚡ 放下内心的仇恨,给愤怒一个出口

你是否常常被他人得罪后而心生仇恨和愤怒?如果没有,那说明你的情绪是健康且稳定的;如果有,则说明你是一个容易生气的人。

比如,别人在背后说了你的坏话,或是当面羞辱你。面对这种情况,你就会立马生气、责备对方,甚至记恨于心。此时你需要注意的是,在责备或是仇恨他人时,最好先冷静一下,让自己的情绪平复下来。当然,一个人在受到严重冒犯后是很难保持理智与平和的。但是你不得不小心,责备他人的时候要有分寸,目的是让对方知道悔改,而不是伤害对方。

下面几个措施,或许能够帮助你摆脱仇恨:

尽可能地保持理智,并和对方进行对话,或许冷静下来后,双方就能够在聊天中把矛盾解决。

想一想伤害你的人曾经也做过让你满意的事情,这或许可以一定程度地改善你对对方的看法,然后再设法让自己重新认识

第八章 仇恨激发愤怒，无法挣脱的内心束缚

对方。

冷静下来后，重新对对方的行为进行审视，分析让你产生仇恨的事情的严重程度。比如，某人总是在背后说你的坏话，但是你发现身边的朋友并没有受到对方的蛊惑，反而觉得对方很八卦，那么你是不是就没必要如此生气了呢？

做出一个让对方意外的决定。比如，以心平气和或尊重的态度对待伤害你的人，这或许会令对方内疚，从而使双方冰释前嫌。

仇恨就像奔腾的江河水一样，如果我们总是企图在内心建筑大坝来拦截它，那么，可能一时会风平浪静，但总有一天会溢满堤溃。因此，我们需要在内心打开一个出口，慢慢地将仇恨输泄出去。我们可以尝试着这样想象：

你是汹涌的江河水，无数的细小支流的汇聚给予你强大的能量，高低起伏的地势给予你无畏的勇气，你一路向东奔去，没有任何泥沙、树木能够阻挡你前进的脚步。谁阻挡你，你就毁灭谁。

之后，你终于流入了大海，与大海融为了一体，你试图保持本色，让大海也知道你的汹涌和愤怒。但一切都是徒劳的，广袤的大海让你变得支离破碎。你只能跟着海浪的节奏流动，渐渐地你开始无法分辨自己，你突然明白自己成了大海的一部分。

你感觉自己被治愈了。大海的包容，让你放下了仇恨，抚平了你内心的伤痛。你的仇恨被海水淡化成了纯净的能量，你最终变得宁静了下来。

每当心中充满仇恨的时候，就在心里默念这段话。试着让自己接受内心的仇恨，并建立正确的认识——仇恨只是生命中极小的一部分，敞开心胸拥抱它吧，把这种充满能量的情感化作激情去激励自己前行。

一旦你这样做了，仇恨就消失了，愤怒也就不会再有了。

心理学知识拓展

仇恨并不总是针对别人，也可能指向自己，这就是自我仇恨。自我仇恨是愤怒和羞耻结合的产物。比如，我不够好、没有归属感、不值得被爱等都属于自我仇恨的表现。自我仇恨者的羞耻感较深，对自己总是负面地看待，并且拒绝原谅自己。要想改变这种状态，就必须学会宽恕自己，接受自己是一个凡人的事实，然后善待自己，让自己恢复到自我尊重的状态上来。

⚡ 原谅是消除仇恨的一剂良药

在日常交往中,我们不可避免地会受到来自他人的伤害。对于这些伤害,我们的反应可能是愤怒、敌对、仇恨或报复,也可能是选择放下怨恨而原谅他人。原谅是消除仇恨和愤怒的一剂良药,因为只有原谅他人,放下仇恨,我们才能够继续生活。

我们知道,仇恨会让我们厌恶对方的一切,它不但会蒙蔽我们的双眼,让我们看不到他人的闪光点,而且严重影响我们的生活质量,让我们沉浸在抑郁和痛苦之中,把生活变成悲剧。而原谅则能够对我们的身心产生良好的益处。美国心理学家威特利特做过这样一项实验:

他把70多位密歇根州霍普学院的本科生分成两组,分别让他们体验原谅与仇恨两种情绪。在实验的两个小时内,把所有测试对象的身心反应、行为表现、情绪活动以及面部表情都记录下来。

而最终实验得出的结果是,原谅能够让受伤的人从负面情绪中解放出来,从而产生情绪上和行为上的积极效应。其中包括降低焦虑、减少负面情绪、减少心血管疾病和增强免疫系统功能。实验还得出,人在仇恨时,皮电、肌电显示出更多的不规则的行为,血压的水平也会明显降低。由此证明,仇恨容易导致不健康的身心状态。

选择原谅是我们应对仇恨和愤怒的有效方式之一。那么,具体该怎么做呢?我们可以借鉴贝弗利·弗拉尼根提出的原谅的六个步骤。

第一步:定性伤害

搞清楚到底发生了什么,以及它是如何对你产生影响的。如果你能够清楚地认识到事情的整个过程,这将有助于你接下来的行动。比如,你曾经受到过家庭暴力的伤害,所以现在很难相信对方会彻底改过自新。

第二步:提出要求

你需要理性地分析你受到的伤害和对方受到的伤害分别是什么,并给出自己的解决要求。比如,你可以和对方说:"你伤害了我,我的行为可能也有点过激,让我们好好聊聊这件事吧!"

第三步:责怪对方

你需要分清你的行为和对方的行为,如果对方的行为确实是错的。比如,你小时候受到对方的欺凌,由此对你造成了心理阴影,那么就可以有理由责怪对方的这种行为。因为，伤害你的人必须对此负责。

第四步：寻找平衡

我们之所以选择原谅他人是因为要找回失去的力量。这一步，你可以采取任何措施来消除受到的伤害。比如，要求加害者给予道歉，或是采取法律行动，让对方受到惩罚，从而使心理达到一定的平衡。

第五步：原谅对方

无论对方道不道歉，受不受到惩罚，你都需要继续自己的生活。为了摆脱仇恨对自己今后生活的影响，选择原谅对方或许是一个很好的方法。这意味着你放弃过去，树立了向前看的目标。

第六步：寻找新的自己

做到这一步，你已经很了不起了。你已经不再对他人抱有仇恨了，你最后要做的就是重新认识自己，放弃那个无助受害者的形象，好好掌控自己的生活吧！

如果你能够很好地掌握原谅别人的这六个步骤，不妨再进行一次这样的练习：你可以列一张清单，写上仇恨是怎样伤害你的，比如，让你失眠、抑郁、对世界失去信任等。然后给每个你仇恨的人写一份不寄出去的信,并按照以上六个步骤来写。你会发现,当你写完这封信之后,一切都变得清晰和释然起来。

总之,仇恨是我们生活中最主要的毒化剂之一,而原谅则有利于稀释它。选择原谅并不是有利于那些伤害我们的人,让他们占便宜,也不是要显示我们的宽宏大度,满足我们的虚荣心。真正原谅对方的目的是为了我们自己,为了使我们自己更加健康、快乐和幸福。

心理学知识拓展

皮电反应,也称为"皮肤电反应",是由费利和塔察诺夫发现的。它是一项情绪生理指标,它代表机体受到刺激时皮肤电传导的变化。皮肤电反应只作为交感神经系统功能的直接指标,或者作为脑唤醒、警觉水平的间接指标,但无法辨明情绪反应的性质和内容。

肌电是指肌肉收缩时产生微弱电流,在皮肤的适当位置附着电极可以测定身体表面肌肉的电流。肌纤维(细胞)与神经细胞一样,具有很高的兴奋性。它们在兴奋时最先出现的反应就是动作电位,即发生兴奋处的细胞膜两侧出现的可传导性电位。肌肉的收缩活动就是细胞兴奋的动作电位沿着细胞膜传导向细胞深部而引起的。

心理测试 心理报复指数测试

仇恨是一种正常的心理情绪,是人的一种自我保护本能。不过,仇恨一旦过分强烈就会走入极端或泛化,导致的最直接的结果就是报复行为的发生。想知道你的心理报复指数吗?下面就来测一测吧!

1. 面对外面寒冷的天气,你准备出去时,会为了形象而穿得不够厚吗?

A. 会 → 2

B. 不会 → 3

C. 看情况 → 4

2. 如果让你实现一个愿望,就是可以让对方的性格改变,你会选择怎样的改变方向?

A. 更强势 → 5

B. 更温柔 → 3

C. 不用改变 → 4

3. 回想小时候的玩伴,你还记得多少?

A. 都记得 → 5

B. 都不记得了 → 4

C. 能想起来一两个 → 6

4. 与人发生口角时,对方推了你一下,你会怎么做?

A. 还手 → 6

B. 无所谓,保持克制 → 5

C. 看情况而定 → 7

5. 见到心烦的人,你能保持礼貌吗?

A. 能 → 8

B. 不能 → 6

C. 看场合 → 7

6. 你会因为一件棘手的事情而烦躁吗?

A. 会 → 9

B. 不会 → 7

C. 看情况 → 8

7. 当你和家人争吵后,你一般会怎么做?

A. 主动妥协 → 8

B. 等待对方妥协 → 9

C. 看情况再说 → 10

8. 对于你和恋人的未来,你充满自信吗?

A. 是的 → B

B. 一点自信都没有 → 10

C. 还好 → 9

9. 在工作会议中，领导希望你能发言，你会怎么做？

A. 积极发言 → C

B. 不发言 → A

C. 先听听别人的意见 → 10

10. 对于他人的过分要求，你会拒绝吗？

A. 会 → A

B. 不会 → D

C. 看情况 → B

结果分析

A：报复指数★★★★★

你是一个敏感的人，喜欢批评他人，很计较得失，给人很强势的感觉。你不仅内心虚荣，还喜欢显摆与炫耀，常常把他人的错误归结为内在因素，一旦你对他人产生仇恨，你就会想方设法为自己出气。

B：报复指数★★★★☆

你的控制欲比较强，喜欢支配他人，常常因为自私而不顾及他人的感受，容易损害他人的自尊心；同时，你的自控力也很差，对方如果不顺着你或是惹你生气，你就会大发脾气，这种性格往往让你有很强的报复心理。

C：报复指数★★★☆☆

你是一个比较温和的人，自我控制力良好，做事有自己的底线，无论与谁吵架，你都会很理性，懂得理解与包容的重要性。不过，当对方的做法触及你的底线时，你就会适当发泄不满。

D：报复指数★☆☆☆☆

你是一个十分理性的人，与他人相处比较和谐，能够与他人的习惯、情绪、态度等保持协调，能够平等地与他人沟通。即便发生矛盾，你也希望通过沟通得到解决，而不会采用暴力行为。

第九章

摆脱扭曲的思维，将怒火扼杀在摇篮里

愤怒情绪的产生往往有着不合理的思维方式，就好比大部分不适当的思想和行为都来源于扭曲的世界观一样。一般来说，愤怒的人看待事物和他人的方式会与正常人有所不同。因此，改变你扭曲的思维方式，找到超越它的方法，你就能真正地熄灭愤怒之火。

⚡ 刻板的"非黑即白"思维方式

"非黑即白"的思维方式是一种绝对化的思维模式,是指将事件、评价或他人简单化地归入人为设定的类别中的思维倾向。它是在潜移默化中走进我们大脑的。这种简单、机械的思维方式,不仅会影响我们的情绪,而且对身心健康也有危害。

1. 生活并非"非黑即白"

很多人都有这种思维,比如,自己只需要几个亲密无间的好友就满足了,自己不需要普通朋友,认为和普通朋友没什么可谈的。在他们看来,评价与朋友之间的亲密度并不是按级别划分的,而是简单地化为普通朋友和亲密朋友这两类。

这种走极端的"非黑即白"思维,源于凡事都要求十全十美的"完美主义"思想。通常拥有完美主义倾向的人,在面对任何小的失误或不完善时,都会产生极大的失望。而且一遇到挫折,就会有彻底失败的感觉,完全否定自己的能力和价值。

第九章 摆脱扭曲的思维，将怒火扼杀在摇篮里

"非黑即白"的思维方式体现在生活的各个方面。比如，将工作质量简单划分为完美的和一无是处的。一旦工作无法令人满意，这类思维的人的怒气就会点燃；对事情的看法或者观点非对即错，没有折中的选择，一旦与自己的观点不符就会愤怒；等等。这些思维方式都是扭曲的。

其实，现实世界并不是非黑即白的。可以说，没有一个人是绝对的优秀或绝对的平庸；也没有一件事情是绝对的完美或绝对的糟糕。就像面对一间窗明几净的房子，只要你弯腰仔细查看洁净的地板，依然可以找到一些小杂渍。

2. "非黑即白"思维的危害

或许你已经认识到"非黑即白"的思维是不好的。的确，它会带来以下几个危害。

（1）破坏人际关系。如果你存在这种扭曲的思维方式，你很容易对他人感到失望，甚至被身边的朋友伤害。比如，你的朋友总是不同意你的观点时，你不仅会生气，还可能会厌恶对方。在你看来，真正的朋友就应该毫无理由地支持你。接下来，你的失望感很可能会把这类朋友剔除，放入"非朋友"的类别中。

（2）让人变得刻板、僵化。刻板、僵化的思维在大多数情况下都不会带来好处。我们可以举很多例子，比如，一些缺乏弹性的桥梁或是坚挺的树木在遇到暴风雨时就会倒塌和折断。而灵活的人，诸如成功的商人、政治家等则懂得审时度势、顺势而为。可

见，我们不应该固执地把事情看成非黑即白，试着让自己变得灵活一些，事情也就变得顺利了。

（3）让人变得固执。为了坚持自己是对的，拥有"非黑即白"思维的人会固执地将自己的观点捍卫到底。对他们来说，任何妥协都意味着承认自己是错误的。因此，他们常常就某个问题与身边的人争论不休。他们之所以固执己见，是为了证明全都是他人的错。一般固执的人都很容易因为一点小事而生气。

3. 改变"非黑即白"的思维

对于容易愤怒的人来说，必须改变"非黑即白"的思维。一个很简单的办法就是让自己试着习惯"中间地带"，放弃完美主义情结。比如，一件事第一次失败了，就觉得今后也不会成功了，从而彻底放弃，那什么也得不到，如果继续前行，至少会获得很多经验。因此，请试着让自己停留在中间地带，看待事物不要一味地抱着非此即彼的观念。

总之，任何事情不可能只有对或错和好或坏这样绝对的结果。每件事情都会有它的灰色地带，那就是不好也不坏。如果你是一个简单地用好或者坏来判断事情的人，那就赶紧改掉这个思维习惯吧。因为，这会让你变得更加容易愤怒。

心理学知识拓展

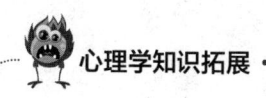

虽然多数时候"非黑即白"的思维是有害的,然而"非黑即白"思维也有一定的益处。比如,在说服他人的时候,我们可以给对方两个选择,一个是非常令人不快的选择,另一个是对方欣然赞同的做法。假如对方不照我们建议的去做,那他就会遭遇非常不好的事情。比如,你可以说:"你的头发太长了,看起来就像梅超风,一点也不精神。"这么说对方可能就会立马去剪头发了。

因此,如果你还在为说服他人而发愁,那就不妨巧用一下"非黑即白"的思维,引出你认为的唯一可行的方法,让对方不得不做出选择。

⚡ 过分概括思维：愤怒者可预见未来

过分概括化这个概念，起源于阿伦·贝克的认知疗法。它指的是由一个偶然事件而得出一种极端信念并将之不适当地应用于不相似的时间或情境中。简单来说，就是一种以偏概全的不合理的思维方式的表现，它常常把"有时""某些"过分概括化为"总是""所有"等。

在阿伦·贝克认知疗法的理论中，他认为有情绪困难的人倾向于犯一种特有的"逻辑错误"，即将客观现实向自我贬低的方向歪曲。过分概括化的思维方式就是源于错误思维、在信息不足或错误信息的基础上进行的不正确推理，以及无法区分现实和想象，从而导致错误的结果。

可见，过分概括化思维只是根据一部分信息得出的结论，而忽略其他事实。这样的例子有很多。比如：

根据某个特例得出一般性结论——这个苹果不好吃，那么整棵树上的苹果也一定不好吃。

第九章 摆脱扭曲的思维，将怒火扼杀在摇篮里

大清早与家人发生争吵，这一天都不会愉快了。

你的朋友拒绝了你的一次出游邀请，你就认为你们的关系不够铁。

预报假期有雨，就认为整个假期活动一定会被取消。

……

当我们过分概括所有事物时，一切就被简单化了。然而，实际情况并非如此，事情会有很多种发展的方向，我们不必过于担心。

此外，过分概括化思维不仅指向对事物的预判，也指向行为。通常由这类思维模式引发的愤怒者会将适用于部分情况的行为模式应用到所有情况中。比如，在工作中表现得严肃是很合理的，但如果把这种严肃带到工作之外，即日常生活中也如此，那就会给人一种难以接近，甚至厌恶的感觉。

前面我们讲了愤怒与家庭因素有关，很多容易愤怒的人就是由于在充满怒气、经常争吵的家庭影响下而导致的。在这种环境下成长的人，今后在处理分歧时就容易遇到困难，过分概括思维就是其中之一。

那么，如何判断自己是否有过分概括思维呢？现在，试着这样问问自己：

◎当有人质疑你，或不赞同你的观点时，你是否会立即心存疑虑，时刻准备为自己辩驳？

◎在与不熟悉的人相处时，你见到对方的外表或是听到对方说的第一句话，就认定他不好相处？

◎在会议上,领导很严肃地说明了你的问题,你就觉得领导不重视你?

如果以上这三个问题,你都回答"是",这说明你在过分概括,在为自己的大脑输入更多的错误信息。你要知道,错误信息的输入注定会以错误判断的形式输出。这不仅会造成愤怒,而且会使本来简单的问题变得复杂。

我们可以在一定程度上预见未来,因为我们能够根据某些人、情况或事件作为基础推导出理性的预判。但是,愤怒的人或者拥有过分概括思维的人是难以对未来做出完美预见的。因此,我们必须纠正这种思维。

心理学知识拓展

过分概括思维一般体现在人们对自己或他人的不合理评价上,典型特征是以某一件或某几件事来评价自身或他人的整体价值。比如,有的人在遭受挫折时之所以会萎靡不振,是因为他们觉得自己再也无法东山再起。这种片面的自我否定往往会导致他们产生自卑、自弃、自罪、自责等不良情绪。而这种评价一旦指向他人,就会一味地指责他人,他们自身也会产生怨愤、敌意等消极情绪。

⚡ 愤怒者的个人化思维倾向

喜欢生气的人通常比较敏感,他们很在意别人对自己的看法。在他们的内心里,似乎大多数不好的事情都是有意针对他们的。比如,交通堵塞、下雨天等都是存心让他们难受。这种类型的扭曲思维方式就叫作个人化思维倾向。

通常一个具有个人化思维倾向的人,当他进入一个新的环境时,便会和身边的人做比较,看有没有比自己智商高的人,有没有比自己长相美的人,有没有比自己能力强的人,等等。他们之所以这样做就是因为过于关注自己。

愤怒的人将自己和别人做比较时,也存在个人化思维倾向。他们总是拿自己的价值、成就和他人进行比较,而且很少认为自己能比得上他人。比如:

◎在所有的人群里,自己的身材是最差的。

◎在宴会上,发现其他人都聊得很开心,好像并没有人愿意过来和自己说话时,就会感到自己被忽视了。

◎分配任务时,为什么重要的项目都落在别人身上,自己就只能打杂,一定是自己的能力太弱了。

◎同样做了很多工作,别人能得到重视,自己却不能。

通常,一个人情绪稳定、不发怒时,与他人进行比较不一定是坏事,这样做能够在一定程度上激励自己。但如果你是一个容易愤怒的人,你在和他人进行比较的时候很难保持客观。你会把自己的缺点不断放大,一直盯着它,因而容易忽视自己的优点。因此,当你与他人进行比较时,得出不如他人的结果就显得再正常不过了。这种不客观的比较就是一种自我中心形式的错误输入。由于过于专注地关注自己,对于他人的意见和观点就很难有清楚的认识。

此外,具有个人化思维倾向的人,敏感的表现也十分普遍。如果有人说餐具太小了,那么他们立即会认为是在说自己吃得太多了;如果有人说心里很烦,那么他们立即会认为对方是在讨厌自己;如果有人说他们衣服穿起来很宽松,他们就会认为是在说自己太胖了;等等。

个人化思维倾向就是这样一种将任何经验、言谈和面部表情等都解读为批评自己、否定自己价值的倾向。而它之所以是扭曲的,是因为绝大多数事件、行为、言谈和评价都和自己没有什么关系,只是这类人自作多情而已。

因此,你应该学会选择放松。要知道,生活中没有人会像你关注自己一样关注你,很多事情都不是你认为的那样。比如,你的对象很痴迷于某个明星,并不代表你在她面前毫无魅力;你喜欢穿运动鞋,而对方喜欢穿皮鞋,也不代表你们不是一路人;你急着要出门,却下起了大雨,也不是上天故意捉弄你。

个人化思维倾向的弱点就在于,这类人总是以不恰当的方式做出反应。比如上面提到的,如果你的对象总是痴迷于某明星,很可能会激发你的愤怒,那么你们之间很可能会为此发生争执。或者要求对方与自己有同样的喜好,对方不穿同一种风格的衣服你就认为你们之间没有共同语言,从而因为忧心你们的未来而变得焦虑。这些不恰当的反应只会增加彼此的隔阂。这种不恰当的反应如果不能及时停止,就会将本来不存在的问题渐渐地变成现实,并进一步使事态形成恶性循环。

每个人都会遇到棘手的事情,无论是出门下雨,还是领导训话,这些事情每个人都会经历。我们要做的就是不要把发生的不好的任何事情都看作是针对自己,试着不要把每件事、每个人都用个人化倾向思维进行思考,或许生活就会少一些愤怒情绪,多一些快乐。

心理学知识拓展

认知扭曲是一种思维的错误,它对我们处理信息的过程会造成困难,最终导致心理障碍。其实,每个人或多或少都会形成一些认知上的扭曲思维习惯,就如我们会形成行为方式上的习惯一样。

扭曲的思维模式对于我们自身的心理健康、人际关系,甚至是我们身边的其他人,会造成破坏性的影响。它不仅导致困扰的发生,还会产生严重的心理和情绪上的问题。

⚡ 扩大的灾难化思维让情绪更糟糕

灾难化思维是一种扩大事件严重性的思维倾向。这种思维方式最大的特点就是把问题"放大"和"缩小",具体表现为习惯性地把某些事实要么过于放大,要么过于缩小。对这类人来说,他们往往是放大自身的错误、不完美或者不良的情绪,夸大它们所带来的灾难性后果。

比如,你在某次总结会上说了公司存在的一些真实情况,如果你是一个有着灾难化思维模式的人,你会这样想:"我太冲动了,为什么要这么直白呢?领导听了肯定会对我有意见的,甚至会给我穿小鞋,这太可怕了,我今后的日子会不好过了!"

其实,你的这些想法就像是在用放大镜把问题放大,这样一来小问题也会变得十分严重,因为你把一件并未发生的事件想象成了一个灾难性事件。但事实上,你说的那些真实的话,也许领导很喜欢听,甚至很赞赏你能够把公司的问题指出来,事后更加重用你也是非常有可能的。

第九章 摆脱扭曲的思维，将怒火扼杀在摇篮里

灾难化思维的另一种表现是，你对于自己的优点会用缩小镜去看。也就是说，你会把自己的优势部分忽视，让它们变得很渺小，无足轻重。这种把优点缩小的思维方式，会让你变得越来越自卑。

灾难化思维倾向就像在泥浆中行走，一旦踏进去就很难再走出来，而且会越陷越深。比如，领导找你谈话，说你最近工作不在状态。你首先想到的可能不是如何去改变现状，而是认定自己就要被炒鱿鱼了。甚至你仿佛已经看到了自己被扫地出门、到处寻找工作、没钱度日的窘迫。其实，这都是灾难化思维倾向在作怪，导致你把事情想得过于糟糕了。

对于容易愤怒的人来说，他们大多数人也都有着这种思维。比如，他们经常花几个小时来思索最糟糕的事情，把身边人一些小小的提醒当作对自己的责骂，把某次失误当作彻底的失败，等等。换句话说就是，容易愤怒的人总是能够寻找到光明背后隐藏着的乌云。

◎ "驾照模拟考试又不理想，这次肯定过不了了。"

◎ "刚才家里停电了，晚上的球赛肯定是看不成了，我为什么会这么倒霉呢！"

◎ "一整天对方都没有打来电话，也没有发来信息，肯定是不喜欢我了。"

◎ "走路摔了一跤，腹部隐隐作痛，会不会内脏受损了？我真的好担心。"

……

这些想法或担心都是思维夸大化的结果，愤怒的人很容易把它们当真。这些表述本身有自我实现的倾向，当他们把生活中的每件小事持续放大时，就会变得越来越悲观，甚至会愤怒。人们就会开始远离他们，他们的机遇就减少了，最后导致他们的生活真的越来越糟糕。

具有灾难化思维的人就是这样极端，他们认为事情向糟糕方向发展的倾向是不可改变的事实，并且对此深信不疑。比如，挨批后，他们可能会感到万分恐慌，然后主动辞职以获得一些控制感。这样的做法不知不觉就把事情引向了最糟糕的方向。这些不健康的想法带来的负面感受，让他们不知所措，最终把事情搞砸。

下面，我们来看一个例子：

小曾最近拿到了他的年度业绩评估，他很清楚自己在公司的出众表现，所以对自己的业绩评估非常自信。的确，像往常一样，小曾在绝大多数项目上的评分都是"优秀"。只有在"与同事的关系"这一项，得了一个"一般"，这让小曾有点不解。

关于这一点，领导的解释是，有的同事不愿和他一起共事，是因为他态度生硬、冷漠，过于严肃。很多同事害怕在其手下干活，因为他总是阴沉着脸，一副随时准备生气的样子。即便他说话声调不高，同事也能感受到他的严肃。这一定程度上影响了项目的进展。

但是小曾把"一般"解读成了"十分不满"。因此，他变得恼羞成怒。他坚持认为，不是自己太严厉，而是其他人想要过于安逸的环境。他要求领导举一些例子来说明真相，然后又认为所有的例子都不足以说明问题。最后，他只好带着怨愤离开。

这样的事情发生后，小曾一直不能释怀。一开始，他只是感到生气，想找到指责他的人并试图改变他们的看法。随着时间的推移，这些想法持续发酵，最后他决定说服自己。他认为如果同事真的很难忍受自己，那是糟糕至极的，于是他开始寻找能够证实自己猜测的"证据"。

果然，他认识到了自己的问题，因为他找到了同事不喜欢、不容忍，甚至痛恨自己的理由。于是，小曾试着改变自己，让自己变得温和起来。最后，他发现自己的改变获得了良好的效果，自己与同事的关系越来越融洽了。

案例中，小曾把"一般"理解成了"十分不满"，这就是灾难化思维倾向的体现。想要摆脱灾难化思维，我们可以建立反灾难化思维。因为反灾难化思维使我们可以站在客观的角度看待事件与问题，用积极的心态面对事件产生的后果。像案例中的小曾这样冷静地分析之后，采取积极的行动，最大限度地缓和了双方的矛盾，从而避免自己陷入持续的消极、愤怒等负面情绪之中。

在面对灾难化思维导致的困境时，我们可以按照以下三个步骤来化解。

第一步：静下心来，客观地分析整个事件，假设事件可能导致的最糟糕的结果,并找到自己所能接受的更为糟糕的结果。

第二步:充分了解事件最坏的结果后,做好思想准备,勇敢地把它承担下来。

第三步:说服自己,平静下来,将全部的精力用到工作上,尽最大的努力缓和矛盾。

> **心理学知识拓展**
>
> 卡瑞尔公式,全称是卡瑞尔万灵公式。其内容是指唯有强迫自己面对最坏的情况,在精神上先接受了它以后,才会使我们处在一个可以集中精力解决问题的地位上。
>
> 因此,对于愤怒产生的烦恼,我们不妨用卡瑞尔万灵公式来解决问题,具体可以按照以下三点去做:
>
> (1)问自己,可能发生的最坏情况是什么。
> (2)接受这个最坏的情况。
> (3)镇定地想办法改善最坏的情况。

第九章 摆脱扭曲的思维，将怒火扼杀在摇篮里

⚡ 不合逻辑的情感推理

不合逻辑的情感推理也属于一种认知扭曲思维，它是一种将感觉当作事实的倾向。比如，你认为对方很讨厌，那么对方就一定很讨厌；如果你感觉内疚，那么一定是做错了什么；等等。这种不合逻辑的情感推理，往往以爱、恨、喜、恶等为特征。它出自个人的情感，属于主观性的观点。

1. 不合逻辑的情感推理存在不准确性

不合逻辑的情感推理很多时候是不准确的，问题就在于情感并不总是对客观事件的直接反映，有时也是思想的产物。

比如，一个喜欢照镜子的人，他会在镜子中欣赏自己，越看越觉得自己好看，那他是否真的很美呢？那就未必了，因为照镜子的时候，这个人的思想告诉自己："我很美。"然而，美并没有绝对的标准。这个人产生了某种感受，不代表他就是感受中的样子。

所以，不合逻辑的情感推理的问题在于，我们的想法并不是现实世界的直接反映，而是建立在自己对事件的解读之上。很多愤怒的人认为，只要身边的人不高兴，那一定是因为自己做错了什么。于是，他们会不停地追问："你为什么不高兴？是不是我做错了什么？"即便对方告诉他们什么事也没有，他们也不会相信。

习惯用不合逻辑的情感推理的愤怒者，总是将他人的不愉快归咎于自己。在他们看来，他人情绪不好时自己有义务去解决，因为这跟自己有着很大的关系，自己必须这么做。

因此，我们要学会从不合逻辑的情感推理中跳脱出来，不要追随自己的感受去看待问题，而是要依据事实。只要学会在形成意见和做出决定时保持客观，那么，感受再强烈也能让自己保持理智，客观地看待问题。

2. 谁都不愿意接受责备

喜欢愤怒的人总是能对所发生的糟糕的事情找到怪罪的对象。他们要么怪罪自己，要么迅速找到他人作为怪罪对象。其实，事情已经发生了，我们没有必要去责备他人或自己，重要的是寻找解决的方法。

如果真的责备他人或自己，会怎么样呢？

（1）责备产生争端。责备是争端的开始，往往也意味着良好人际关系的结束。如果双方都为了维护自己的尊严而指责对方，那么，也许在短时间内你能够获得一时的快感。但接下来，事情可能会变得更糟糕，你依旧会因对方的指责而感到生气；如果是自我责备，你会对自己感到生气。不仅如此，他人被你指责后，他人也会对你生气，最后的结果就会恶性循环，你会变得更生气！

（2）责备不能解决问题，也无法阻止问题的发生。责备只会让事情更加糟糕，所以如果你想快乐地生活，就要试着在遇到任何问题时抛弃责备和愤怒，将注意力集中在分析问题、寻找客观的解决办法上，并极力避免类似事件继续发生。如果事情超出了你的掌控，就把它当作倒霉的事情来接受好了。如果事情在你的掌控范围内，就努力把它化解吧。

• 心理学知识拓展 •

情绪化推理，即把情绪当成了事实的依据，而不是把事情本身当作事实的依据。这种推理是一种误导，因为你的感觉反映的只是你的想法，所以这很容易使你不能准确地看待事物。

通常人在心情低落时，几乎都有情绪化推理在使坏。在这类人看来，事情是如此不顺心，实际肯定就是如此。他们甚至没有想到去质疑导致这种感觉的假设是否正确。

另外，具有情绪化推理思维模式的人，还有一个很常见的特征就是拖拉，因为他们告诉自己这件事情是不可能做好的，所以没有一点儿动力去做。

第九章 摆脱扭曲的思维，将怒火扼杀在摇篮里

心理测试 你属于哪一种思维模式

思维是在感觉、知觉、记忆之上发展而来的，是一种高级的认知活动。人的思维模式各不相同，并且不同的思维模式成就完全不同的人生道路。也就是说，从某种意义上讲，思维模式决定了一个人的成败。

那么，你有着怎样的思维模式呢？下面，我们通过一道题来测试一下，看看你的思维会产生怎样的行为？

如果你被冲到了一个无人的岛上，你会怎么做？（　　）

A. 先找食物

B. 先找防卫工具

C. 在地上画"SOS"求救信号

D. 采集树木做木筏逃生

结果分析

A：直觉思维

你是一个有悟性的人。对于很多事情都有一种预见性,且喜欢随着直觉走。每当遇到困难或挫折的时候,就会有一种直觉指引着你,你往往会遵循内心的这种感觉走下去,直至走出困境。这是一种直接的领悟性思维活动。

B：逻辑思维

你是一个理性的人。每当遇见各种问题的时候,你最先想到的是对处境进行判断和推理,以保护自己的安全。在做其他事情的时候,你也会遵循严密的逻辑规律,一步一步地推导下去,最后得出合乎逻辑的正确方向。

C：发散思维

你是一个很有想法的人。面对一个问题时,你能从不同的角度去进行思考,把当前的信息和记忆中的信息重组,从而产生独特和新颖的想法。这种发散思维虽然有助于你增加解决问题的方法,但是同时也降低了你解决问题的效率。

D：创造性思维

你是一个富有创造性的人。在遇到问题时,你能够调动大脑中所有的知识、经验,提出创造性的解决方案,从根本上解决问题。这种创造性的思维模式是多种思维模式的综合体现。

第十章

重建内心管理方式，超越心中的愤怒

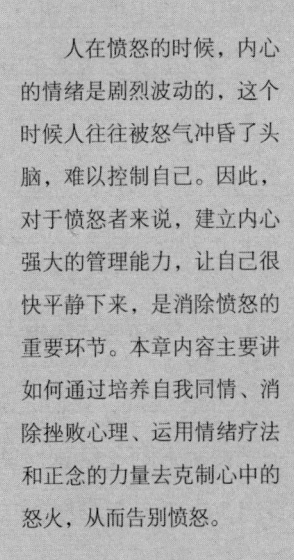

人在愤怒的时候，内心的情绪是剧烈波动的，这个时候人往往被怒气冲昏了头脑，难以控制自己。因此，对于愤怒者来说，建立内心强大的管理能力，让自己很快平静下来，是消除愤怒的重要环节。本章内容主要讲如何通过培养自我同情、消除挫败心理、运用情绪疗法和正念的力量去克制心中的怒火，从而告别愤怒。

⚡ 剔除阻碍改变愤怒的内心思想

生活中愤怒的情绪通常是无益的,甚至有时会使我们受到伤害。因此,我们必须意识到这种不良情绪和行为的危害,并且想办法去改变这种不良情绪与行为。改变总是艰难的,尤其是改变自己的一些不良思想和行为,因为思想或行为的变化意味着一个人对自我的认知也发生了变化。

改变虽然不易,不同的人会遇到不同的阻碍,但是只要我们意识到问题的症结所在,抓住需要改变的因素,那么,改变不良情绪与行为也就离我们不远了。下面我们就来分析一下阻碍我们改变愤怒情绪的思想因素,只有剔除这些因素,愤怒才会离我们而去。

1."这不是我的错,我凭什么不能生气"

很多时候,我们之所以会发怒,是因为别人做了不当的事。比如,我们可能会这样说:"这件事跟我有什么关系,要不是你惹我生气,我至于对你破口大骂吗?你做错事在先,对你发火是应该的，我生气哪里有错！"或者你心里会这样想："明明就是对方先找茬的，故意惹怒我，我不发怒，还以为我好欺负呢。"

可见，在很多时候，只要我们不认为自己有错，那么生气也就成了理所当然的事情，甚至有理由采取任何手段去报复他人。这种错误思想就需要我们剔除，因为面对他人的过错，我们并不一定要用怒气去应对。相反，如果我们能控制心中的愤怒，那么事情会得到更好的解决。

2. 将愤怒藏在心中，害怕表达出来

不是每一个人都喜欢透露内心的愤怒，就像不是所有人都外向一样，愤怒也有藏在心中不愿吐露的时候。因为在有些人看来，将愤怒表达出来就意味着需要做出改变——平息愤怒。

隐藏愤怒的人经常觉得自己无法表达愤怒，也经常找各种理由避免说出心中所想。他们通常会这样对自己说："不值得惹这个麻烦，真没必要跟她计较，何必发怒呢？""现在还犯不上因为这件事吵架，我想肯定是对方有问题。"

虽然隐藏愤怒的人嘴上不承认自己生气了，但真实的情况是，他们的愤怒已经产生了。隐藏愤怒的人在感觉受伤时，经常不愿与对方交锋，而且这样做是因为不想伤害别人。这种回避渐渐地会使我们失去自信。如果一个人连承认或是表达愤怒的自信都没有了，那还如何化解愤怒呢？

所以，请大胆地表达你的愤怒吧！这是你化解愤怒踏出的第

一步。

3. "我生气很管用，管它伤害谁呢"

如果你觉得发脾气对你来说很管用，那意味着你是一个专横霸道的人。这样的人生活中很常见，他们表现得很强势，只要一发脾气，大多数事情都可以轻易地得到解决，因此他们惯于生气。

下面我们来看一个例子：

乔是一个强势又独断的人，她管理着一个小部门。下属都很感激乔给他们提供了发展机会，但是乔总是要求下属按照自己的要求来做事情，这使得下属很不爽，但碍于乔的威严只能忍着。

在家的时候，乔也希望一切按她的意愿行事。比如，如何摆放家具，清洁工作如何做，孩子跟谁交朋友，一日三餐该吃什么等，一切都由她安排，其他家人不得插手。

总之，只要跟她有接触的人就听从于她，稍不如意她就会发脾气，大家都不想与她起冲突，所以乔觉得发脾气很管用。不过好景不长，很快她就下岗了，还差点结束了自己的婚姻。因为没有人受得了她的愤怒。

试想，你能长期和一个随意发脾气的人在一起生活吗？这显然是很困难的。爱发脾气的人通常会感到迷茫，他们很少能够觉察到自己的行为会带给别人什么样的影响。他们奉行"一发脾气就管用"的行为方式，缺少和别人沟通的技巧。

一般体验过发脾气很管用的经历之后，他们就会越来越依赖于生气，越来越不愿意去改掉愤怒。所以说，要想消除愤怒，就要有足够的耐心，要给自己设定目标，并不断地努力。当我们能从他人的立场出发，对他人示以尊重，并用心聆听他人的需求，就会发现除了愤怒还有更好的解决问题的方法。

4."我愤怒是出于保护自己的目的"

前面我们说了，愤怒是一种战斗反应，它是我们在受到威胁的时候，身体自然发出的保护性的反应。因此，许多人使用愤怒来使自己显得不那么脆弱，下面我们来看一篇某位愤怒者的自述：

我是一个弱小的人，最近我发现愤怒能够很好地保护自己。在我对别人发怒的时候，他们会被吓到，这样他们就会认为我不是一个好欺负的人，发怒传递着一种信息"不要惹我"。

后来，我一直都用这种方式，结果还挺管用，甚至我还向朋友推荐这种方式。可是，后来我的朋友对我不是听从，就是躲得远远的。我觉得自己越来越孤独了，这真的很糟糕，我想这种保护自己的方式也许是错的。

危机感和威胁感容易使人借助发怒以自保，但愤怒真的不是保护自己的最好方式。你应该留心观察在遇到危险或受到威胁时是什么使你冷静下来的。如果能形成有助于平静内心的个性化方式，你会变得更强大、更平和。

以上这四种不良的思想方式都会阻碍你对愤怒的化解。因此，要想真正改变内心的管理方式，让自己平和起来，请先剔除以上四点内心阻碍吧！

心理学知识拓展·

战斗反应，是指机体经一系列的神经和腺体反应将被引发应激，使躯体做好防御、挣扎的准备。在战斗反应过程中，身体系统的各个器官在面对危险后会做出反应。例如，呼吸系统会提供额外的氧气，循环系统运输更多的养料到身体需要的部分；肌肉系统轮流为骨骼提供服务，使人能更快速地做出反应，应对威胁。

第十章　重建内心管理方式，超越心中的愤怒

⚡ 培养自我同情化解愤怒

自我同情，是一种精神疗法。同情聚焦疗法是由保罗·吉尔伯特创造的，他认为：同情是一系列以养育、照顾、保护、拯救、教育、引导、安慰为目的的想法和行为，它旨在提供接纳感和归属感，目的是让被照顾的人得到帮助。直白一点说，自我同情就是对自己要有同情心。就如心理学家克里斯托弗·肯·吉莫说的那样："自我同情是接纳的一种方式。接纳的往往是发生的事，比如一种感觉或一个想法；那么自我同情就是接纳那个发生事情的人，尤其是在你处在痛苦中时。"

拥有自我同情，你才能够应对不好遭遇，并帮助你从伤痛中恢复。也就是说，自我同情在一个人面对困境时显得非常重要，它能够让我们快速地提高安全感，摆脱那些愤怒的想法、感受及身体感觉。

在运用自我同情疗法的时候，我们必须对它的要素有所了解。通常来讲，自我同情有以下两个要素。

1. 善待自己

善待自己是自我同情的一个基本要素。我们经常遵循这样的法则：用希望别人对待自己的方式去对待别人。而自我同情则是用希望别人对待自己的方式来对待自己，也就是说自我同情首先要善待自己。

善待自己包括对自己的一切都友善。比如，你愤怒的时候，你就需要对自己友善、温和一点，而不是任由愤怒发泄。这有利于你了解自己的感觉、想法及身体感受，以便缓解愤怒。

不过，需要注意的是，善待自己不等于放纵。比如，明明体脂过高却忍不住享用大量的高热量食物，生活过得拮据却借钱消费等，这都不属于善待自己的范畴，因为善待自己应该是专注于那些健康的或是有益的事。也就是说，善待自己是要建立健康的目标，让自己不会遭受过多的痛苦。善待自己还要求我们关注自己的需求和渴望，了解这一点是缓解内心痛苦和愤怒的第一步。

2. 尊重自己的弱点

世上没有完美的人和事，自我同情就是要你认识到这一点，我们的能力有限，只要尽力做到最好就行。此外，我们要学会宏观地看问题。当你犯错的时候，愤怒的时候，你可能会变得消极，此时你要保持清醒，因为别人很可能和你有一样的遭遇，甚至更糟糕。

事实上很多人难以时刻保持清醒，他们或出于好强，或出于自信，认为自己就应该比别人强，因此在遇到不如意时就变得愤怒，然后更加追求完美。这注定是一条失败的道路，其实，我们最应该做的就是学会和自己相处。认识到自己的本性、优点和缺点，然后接受这样的自己。

概括来说，自我同情要求我们善待自己和尊重自己的弱点，它能够很好地化解痛苦、愤怒等不良的状态，是一种应对愤怒非常有效的心理疗法。

那么，如何才能培养我们内心的自我同情呢？

1. 对自己要抱有积极的态度

要想让自己变得富有同情心，首先要做自己的"家长"，也就是要管理好自己的内心。我们可以先来问自己几个问题：

◎在你犯了错或所做的事没有达到自己的期望时，你会怎么看待自己？

◎你是怎样对待身体受到的外伤的，你会如何护理？

◎自我激励时，你惯用什么作为动力？

◎为了完成任务，你逼迫自己的极限能到什么程度？

这些问题的回答代表着你对自己抱有的态度，是忽视自己，还是关注自己。比如，受到外伤时你表现得漠不关心，认为只是小事，任其自愈就好，这说明你对自己不够同情；相反，如果你积极采取护理措施，则说明你比较关注自己的健康。

每个人对自己都会有所期待，就像是对内心的那个自己说话一样:"我应该对自己保持积极的态度。"这种来自心灵的声音,不同的人会有不同的特征。懂得自我同情的人,他们能够善待自己和尊重自己的弱点;过于严厉要求自己的人,他们会给自己制定一些不切实际的目标,喜欢和他人比较,常常觉得自己不够优秀,因而变得更加愤怒。

因此,对自己抱有积极的态度,而又不过于严厉,才是真正地懂得自我同情的人。

2. 在实践中进行练习

要想加强自我同情,在实践中进行练习是非常必要的。不过,通常在刚开始练习的时候,你可能会觉得难以适应,这时可以适当地停下来放松一下身心,然后再投入训练中。

下面,我们介绍几个具体练习:

(1)感受及提升自我同情。

◎找一个安静的地方,舒服地坐着,可以闭上眼睛。

◎在脑海中回忆一次自己产生同情的经历,如果实在想不起,那就想象一下你现在正在同情自己的失败。

◎尽可能地让想象变得真实,并在产生同情感觉时,仔细体会自己的言行举止。比如,面部表情、说话声音、身体动作等。

◎一旦你进入自我同情的时刻,那么,你就能平静和轻松地与自己的内心打交道了,你会感受到温暖、关怀、善良等。

◎最后,轻轻地睁开眼睛。

第十章 重建内心管理方式，超越心中的愤怒

（2）扮演一次有同情心的家长。

几乎每个人都有过表演的经验，如我们在节目中扮演各种角色，演得惟妙惟肖。这要求我们用自己的知识、经验、同理心等去扮演别人，并从他们的角度去思考和表现。

如果你是一个有孩子的父母，试着让自己扮演一个具有同情心的家长。在孩子向你诉说伤心事时，你要对他表现出同情心。比如，孩子考试成绩不理想，并将这个消息告知父母。相信大部分的父母都会生气，第一件事就是责问孩子为什么考不好，而不是具有同情心地去关怀孩子。因此，如果你能对孩子犯的错保持理性，第一时间给予孩子同情心，那么，在这种长时间的训练下，你的自我同情心也会得到提升。

> **心理学知识拓展**
>
> 研究发现，同情的感受和想法会对人的生理产生影响，通过释放激素抑制愤怒的产生，让身体产生一种安全和平静的感觉。这种激素能有效地减少压力和烦躁。另外，同情还会刺激迷走神经，产生镇静作用。可见，自我同情对愤怒的化解是非常有效的。

⚡ABC情绪疗法：改变非理性观念

ABC情绪疗法，也被称为理性情绪行为疗法ABC理论，是由美国心理学家阿尔伯特·埃利斯研究创造的。它与一般的认知行为疗法有诸多类似的地方，但不同的是这种情绪疗法更注重情绪和经验。

那么，什么是ABC理论呢？

A（Antecedent）：指事情的前因。

B（Belief）：指信念和我们对情境的评价与解释。

C（Consequence）：指事情的后果。

三者之间的关系是：有前因（A）必有后果（C），但是有同样的前因（A）会产生不一样的后果（C1和C2）。这是因为从前因到后果之间，一定会透过一座桥梁（B）。又因为同一情境之下（A），不同的人的理念以及评价与解释不同（B1和B2），所以会得到不同的结果（C1和C2）。

埃利斯认为，一些不合理的信念使得我们产生情绪困扰。如

第十章 重建内心管理方式，超越心中的愤怒

果这些不合理的信念一直存在，久而久之，就会引起情绪障碍。ABC理论运用在情绪中就是：当诱发性事件发生时（A），个体就会针对此诱发性事件产生一些信念，即对这件事的一些看法、解释（B），随后会产生情绪和行为的结果（C）。

在生活中，绝对的、命令式的思维方式，很容易形成愤怒情绪。而ABC情绪疗法能够很好地帮助你应付愤怒情绪。下面，我们先来看一个案例：

假期马上就要到来了，姗姗与小尹计划和你一起去野营。你对此很期待，于是欣然地答应了，甚至推掉了和其他人的假期出游计划。

之后你开始找攻略，买装备。在你准备好了一切之后，对方突然说计划取消。你非常生气，因为你不仅花钱买了装备，还把自己和其他人的出游计划推掉了。

如何应对这种愤怒呢？你可能会先忍着，因为毕竟对方是自己的朋友。这件事一定程度上不仅影响你们之间的友谊，而且还顺带影响你做其他事的心情。也就是说，自己单独忍受并不是好的方法。

另一种可能，你会找这两位朋友理论这件事，告诉他们："你们太残忍了，我什么都准备好了，说好的计划，突然就不去了。这真是太过分了，你们就这么对待一个朋友吗？"当你把心中的愤怒说出来后，效果会怎样呢？

你的朋友或许会感到内疚，产生自责，你的谴责让他们认识到了自己的错误。此外，你的朋友也有可能会为自己辩解，甚至生气地进行反击，这无疑会使你和朋友都受到伤害。

还有一种可能就是，你原谅朋友的这一行为。然而，过于善良，别人就会更不怕你，认为你好欺负，从而进一步利用你的被动和善良。你的行为看起来高尚，但未必会得到他人的尊重。

这些方法都不适合化解你的愤怒，那该怎么办呢？ABC情绪疗法值得我们尝试，虽然对于应付愤怒情绪来说并不算完美的方法，但ABC情绪疗法有着它的特点，起码它能有效地控制愤怒。

ABC情绪疗法是指通过关注情感或愿望来阻止或改变愤怒的一种强有力的方式。我们想要运用它来克制愤怒，应该从以下两个方面做起。

1. 无条件地接受自我

这是运用ABC情绪疗法克制愤怒或者其他情绪的第一要点，也是最重要的一点。这需要你有完全接受自己的强烈决心，也就是说，不管我们做了什么，都要能够接受自己。

不过，需要注意的是，你可以聆听他人对你的批判，甚至完全认可他人对你的负面评价，承认自己的行为是不好的。但不要因此就判断自己是个坏人，你只需将这些看成是自己的缺点就好，然后接受这样的自己。

第十章 重建内心管理方式，超越心中的愤怒

同时，接受自己并不是要责备自己。你的决心越强烈，你就越能体验到接受自己的感觉。

因此，当你愤怒时，你就应该试着训练自己接受具有愤怒情绪的自己。但因为愤怒给你带来的害处比好处要多，你必须试着减轻愤怒，放弃非理性的想法，这样你才能更好地享受生活。

2. 进行情绪想象

想象一个负面事件。比如，想象案例中姗姗和小尹不仅突然改变计划，甚至他们否认自己与你进行了约定。一旦你有这样的想象之后，肯定会怒不可遏，这时候，你无须回避愤怒，而是尽情地发泄出来，让自己感到十分愤怒。

在感受了一阵愤怒之后，再努力迫使自己改变这些感觉，并运用ABC情绪疗法一步步地练习。比如，对姗姗和小尹的失约感到失望、恼火，而不是认为他们该死。

接下来，仔细想想自己为什么会出现愤怒。认真思考后，你会发现，你的怒火不是因为A阶段姗姗和小尹的失约，而是出在B阶段，即为此准备了装备并推掉了其他计划，才导致C阶段愤怒的发生。也就是说，如果你没有购买装备和推掉其他计划，可能就不至于生气了。

然而，愤怒实际发生了，你只能改变自己的想法。比如"人人都会犯错，别人有自己选择的权利"或者"他们的行为确实给我带来了不便，难道没有他们，我就没法度假了？我可以约其他朋友，

根本没必要把这件事看得过于糟糕"。

这样想了之后,你可能就会稍微平复内心的愤怒了。经常进行这样的想象练习,慢慢地你就会变得理性起来,从而更加有效地控制自己内心的怒火。

心理学知识拓展

合理情绪治疗的四步骤:

第一步:指出思维方式、信念是不合理的,并搞清楚为什么会这样,讲清楚不合理的信念与情绪困扰之间的关系。可以直接或间接地介绍ABC情绪疗法的基本原理。

第二步:指出情绪困扰之所以延续至今,不是因为受早年生活的影响,而是因为现在所存在的不合理信念。对于这一点,我们自己应当负责任。

第三步:通过这种与不合理信念辩论的方法为主的治疗技术,认清信念的不合理,进而放弃自己的不合理信念,从而产生某种认知层次的改变。这是治疗最重要的一环。

第四步:不仅要认清并放弃某些特定的不合理信念,而且要从改变常见的不合理信念入手,学会以合理的思维方式代替不合理的思维方式,避免重做不合理信念的牺牲品。

这四个步骤一旦完成,不合理信念及由此引起的情绪困扰乃至障碍即将消除,不合理的思维方式就会被较为合理的思维方式所代替,从而较少受到不合理信念的困扰。

第十章 重建内心管理方式，超越心中的愤怒

⚡ 消除挫败心理，浇灭引爆愤怒的引线

在日常生活中，我们总是渴望做任何事情都能够获得成功，然而成功不会时刻都降临在你的头上，这不是一蹴而就的。如果事情的发展没有按照我们想象中的方式运转，尤其是当我们尽了最大的努力还是没能成功时，就会产生无力感。这种无力感其实也就是挫败感。

什么叫挫败感呢？

具体来说，挫败感，指的是个人要求得不到满足，人际沟通受到阻碍，致使成就感、安全感荡然无存，心里的失落感和无助感便油然而生。一般出现挫败感后，随之而来的就是消极情绪的出现，愤怒就是其中的一种。

在引起愤怒的各种情绪中，挫败感是最容易预知的。比如，无法在规定的时间内完成工作任务，组装了好久也没能把衣柜安装好，用心做了一顿饭味道却不理想，没日没夜地复习最终还是考试不及格，等等，我们都会感受到挫败。

面对挫败，如果你不知道如何处理，挫败感就会越来越强烈，达到一定程度就会引发愤怒。因为挫败不仅让你不安，更让你认识到这是一次失败的结果，你无法面对这样的失败，更不相信自己会失败。于是，只好通过愤怒来发泄心中的不快。而一旦你生气了，就会失去自控，为了一点小事大发雷霆。周围的人往往在不知情的情况下"招惹"到你，被你的愤怒所伤害。

因此，要想平息因挫败感带来的愤怒，首先就要消除挫败心理，也就是说对待任何事情都需要有一个平和的心态。那么，如何才能做到这一点呢？

1. 正视挫败感

生活中总有些困难是难以克服的，这会让你无法实现目标。如果遇到这种情况，那就正视挫败感，以正面的心态接受挫败感和失望。你要知道，没有人能永远成功。

你可以告诉自己失败没什么大不了的，正视自己的失败，不要去逃避。犯错并不代表你会永远错下去。所以，勇敢地面对挫败吧，没什么大不了的。接下来更重要的是如何把事情做得更好。

2. 把自己的感受说出来

处理挫败感的有效方式之一就是把你的感受说出来，让它释放出去。

当他人对待你的方式使你不满，不妨把它讲出来。比如，你可以这样对同事说:"你在大家面前谈论我的失败,真的让我很尴尬,也让我很生气。我希望你不要那么做。"当他人的行为让你感到不适时,只要你能带着尊重,冷静地表达出来,绝大部分人都会愿意改变与你交流的方式。

由此可见,正确对待挫败感比在愤怒时努力冷静下来要简单和安全得多。我们需要尽量把不悦说出来,将我们的内心感受传递给对方,让对方知晓,他们才会有所改变,而不是通过愤怒的方式去责备对方。

3. 改变内心,尝试新方式

挫败感往往来自你与目标之间的差距,比如,你所期望的或是想获得的都落空了,挫败感就随之而来。如果你觉得困难难以克服,那么可能你需要改变一下战略、战术了。如果你能在失败后尝试用另一种方式来解决问题,你的挫败感就会大大减弱。

因此,不要用一成不变的方法处理问题。一条路走不通,我们可以换另一条路试试。如果一次次撞向南墙,你还不回头,只会是头破血流,挫败感和愤怒情绪丝毫也不会减少。尝试新方式才是你应该做的。

心理学知识拓展

美国心理学家塞利格曼做过一项经典实验，即把狗关在笼子里，装上一个蜂音器和电击装置，只要蜂音器一响就给予电击。多次实验后，即便把笼子的门打开，蜂音器响时，小狗不但不逃，而且在电击出现前就倒地呻吟和颤抖。这就是习得性无助实验。

这种经过重复的失败或者惩罚而造成的听从摆布的行为叫作"习得性无助"，即通过学习形成一种对现实绝望和无可奈何的行为，本可以主动地逃避，却绝望地等待痛苦的来临。

⚡ 运用正念的力量克制怒火

轻轻地闭上眼睛,双手自然垂在身体两侧。

慢慢地把注意力集中到你的呼吸上。不要去控制它,感受空气在你身体内的流动。

把注意力逐渐移动到腹部。当你深吸一口气时,去感觉腹部跟着微微隆起;当你缓慢呼气时,腹部又渐渐下陷。

专注于每一次呼吸的律动,把一切都放下。

……

这就是正念。

1. 正念冥想

正念是时下一个很流行的词,类似于冥想。美国正念疗法创始人乔·卡巴金将其定义为:"随时随地的一种客观意识,靠集中注意力才能产生,并且越主动、越客观、越心悦诚服越好。"

科学研究发现,正念有利于缓解焦虑、驱散抑郁等,尤其是对

于消除愤怒很有效。通常,在消除愤怒时练习正念可以让你得到以下收获:

◎清空自己内心的想法和感受。

◎明白你最在乎的东西是什么。

◎在愤怒初期就消除它。

◎能辨别不切实际的期望,因为这些期望只会给你带来痛苦和愤怒。

◎降低情绪反应的速度和强度。

虽然正念的好处很多,但想要完全进入正念的状态并不容易,它需要我们观察和感觉自己的内心感受,客观地、温和地对待自己。

正念冥想的形式有很多,但都大同小异。通过冥想的方式,一方面可以让我们不带评判地观察自己,另一方面可以训练我们集中注意力。在愤怒的状态下,如果我们能够集中注意力,就能意识到愤怒的想法和冲动只是一瞬间的感受,因此我们完全可以选择忽视。

另外,正念冥想还告诉我们"这是我现在的感受",这就意味着我们由一个当事者变成了观察者,处于受控状态。这种意识可以帮助我们在愤怒的时候有效地采取措施,而不是失去理智。

在正念的成败练习中,能否集中注意力、关注现在的状态是关键。下面我们来做一个在品尝中体会冥想的练习,看你的注意力和观察力能有多强。

第一步，放一颗红枣在手上，用五指来回拨弄，感受它的形状和手感。

第二步，把它放在手掌心，全神贯注地观察它的颜色、褶皱处的光影以及纹理。

第三步，放到鼻子前深深地吸一口气，感受它的香气。注意口腔和胃产生的微妙变化。

第四步，轻轻地把它放在舌头上，先不咬，用舌头来感受它的形状及质感。然后轻轻地咬下去，感受它在舌头上产生的感觉。注意它的口感和味道。在吞咽之前请注意将要下咽的感觉。

第五步，仔细感受嘴里遗留的味道和它在你胃里的感觉。

进行这个练习时，你的反应和完成后的感受是怎样的呢？你能否集中注意力来做这件事？如果你的体验很美妙，那么，说明你运用正念进行冥想也没有困难了。

一般来说，运用正念的力量化解愤怒，我们除了可以通过正念冥想，还可以通过正念呼吸来进行。

2. 正念呼吸

呼吸和冥想其实存在于正念的整个过程中，只是两者的侧重点不同而已。呼吸是生命之源，它通常很少被我们注意，我们也很少去特意控制它。如果我们能有效进行正念呼吸法训练，则能够很好地平静内心。下面介绍一下正念呼吸训练的方法。

穿一件宽松的衣服，找一个安静的地方，盘腿坐在地上，手掌朝上放在膝盖上，轻轻地闭上眼睛。

观察自己的身体，仔细体会身体与地面接触的地方的感受。

专注在自己的呼吸上，调整呼吸使其在一个舒服的频率上，感受空气吸入鼻子、进入肺部的感觉。也可以把手放在腹部，感受呼气和吸气时身体的韵律。

观察你游离的思绪，并记录下来。然后重新把注意力集中在呼吸上，持续五分钟，直到你不再游离。

这个训练的目的，就是观察自己的感受。在训练的过程中，千万不要求胜心切。只有努力地清空自己的思绪，你才能体会到充满活力、身心放松的感觉。如果你觉得又累又困，或是对自己太过活跃的思绪表示惊讶，甚至愤怒，那么你需要继续练习。

你要记住，训练的重点在于呼吸。如果你觉得无法集中注意力或者无论如何都无法控制自己时，观察自己的呼吸就会对你有所帮助。

总之，运用正念的力量能够让我们意识到躲避消极经历会引发情绪混乱，同时也能够帮助我们接受内心的感受。对于愤怒而言，运用正念需要我们承认自己的情绪，并接纳它对我们造成的影响，然后在专注中将愤怒平息下来。

心理学知识拓展

正念可以帮助我们在容易诱发愤怒的场合仅仅做观察,而不是行动。也就是说,在面临容易引起愤怒的场合时观察自己的感觉,可以帮助我们一步步地减少愤怒。如果我们能够做到留意诱发愤怒的情绪,不仅能够增强自我意识,而且可以帮助我们更好地与他人交流。

心理测试 自我管理能力指数测试

自我管理能力,也就是一个人的自主性。自主性在人的能力中拥有极高的地位,它影响着一个人的成长和发展。在这个节奏快、压力大的社会,你是否有足够的力量来管理自己?下面就来测一测你的自我管理能力吧!

1. 你能够先完成工作或者任务再出去玩吗?

A. 比较困难

B. 偶尔可以

C. 完全可以

2. 你是如何获取每天的信息的?

A. 被动地接收

B. 被动和主动各占一半

C. 主动地搜索

3. 生活中,当你面临重大选择时,你会怎么做?

A. 听他人意见

B. 参考他人意见

C. 自己决定

4. 当你去超市买东西时，你会如何选择商品？

A. 听销售员的推荐

B. 参考他人的意见

C. 根据自己的经验和感受

5. 当你的意见或行为遭到他人的否定时，你还会坚持自己的想法吗？

A. 会

B. 偶尔会

C. 不会

6. 当你的意见和他人不同时，你通常会怎么做？

A. 选择接受他人的意见

B. 听取他人建议，但仅作为参考

C. 认可自己的

7. 即便你一个人独处，你也不会感到孤独吗？

A. 会有孤独感

B. 一般还好

C. 是的，完全不孤独

8. 你经常会有长时间的、充实的、平静的内心感受吗？

A. 几乎没有

B. 偶尔会有

C. 经常会有

9. 你所做的事情或是遇到的事情，一般会按照你的预期发展下去吗？

A. 几乎不会

B. 偶尔会

C. 经常会

10. 你总是会积极主动地推进事情的发展吗？

A. 几乎不会，顺其自然

B. 偶尔会

C. 是的，比较积极

[计分规则]

以上每道题，选A得1分，选B得2分，选C得3分。统计你的总分，然后就可以得出结果了。

[结果分析]

10~15分：自我管理能力指数★★☆☆☆

你依赖性很强，几乎很难管理自己，必须要有人来监督你。而且你还有任性的一面，你很容易被其他的事情干扰，而无法专心地做自己的事。此外，你的判断力也欠缺，大多数时候只是盲目地听从，被动地接受。因此，你需要更多地发挥自己的力量，用自己的思想去影响他人。

16~20分：自我管理能力指数★★☆☆

你的自我管理能力比较弱，原因可能是你渴望获得更多的自主性，但是被父母、领导等权威人士所压制。你无法与他们抗衡，因此你的自主性也难以得到发挥。另外，你的认知能力欠缺，自控力也不足，导致自我管理能力欠缺。因此，你需要不断地磨炼，才能让内心强大起来。

21~25分：自我管理能力指数★★★☆

你的自主性比较明显，可以很好地进行自我管理，而不用完全依赖他人。大多数时候，你完全可以自己拿主意。但是遇到重大问题时，你的自主性就不那么坚定了，不过，你会主动发挥积极的作用，希望获得他人的支持与肯定。此外，你的学习力较强，能很快适应环境。

26~30分：自我管理能力指数★★★★

你是一个自主性很强的人，自我管理能力也很好，你知道什么事情是最重要的，不仅能合理安排时间，而且主次分明。对于任何事情，你有着高度的清醒意识和敏锐的洞察力，很容易看到事情的本质。

附录 APPENDIX

⚡ 关于愤怒的三个误解

误解一：发泄愤怒有利于解决问题

我们经常喜欢通过发怒来让他人屈服，表面上取得的效果也还不错。比如，当两个人有矛盾的时候，好好地吵一架事情就解决了，然后又像没事一样。然而，这样的情形少之又少，而且大多数时候结果恰恰相反。

愤怒是很容易传染的，一旦一方生气就会使另一方也变得愤怒，于是争吵一触即发。争吵的时候，我们通常最在乎的是证明自己是对的，而对于对方说了什么，我们并不那么在意，甚至不会认真去理解和思考对方的话。于是，争执便没完没了。

愤怒的争吵带来的危害是巨大的，处于愤怒中的人往往会将注意力全都集中在对方身上，而忽略了事件本身。我们可以来看一个例子：

有一对夫妻,双方的脾气都比较暴躁,经常恶语相向,冷嘲热讽,感情很不和睦。有一天,两个人走到街上,女方走在前头,男方远远地落在后头。忽然,男方发现在女方头顶的楼上有东西掉下来,于是他大喊:"往后退!小心头顶上的坠落物!"然而,女方像是没听见一样,停了一下继续走,并没有后退。

结果,她差点被坠落物砸中,吓得浑身发抖。不一会儿,男方走上来质问她:"为什么不听我的话?"女方不高兴地回道:"你平时不是喜欢大喊大叫吗,谁愿意听啊!"

可见,当两个人开始争吵的时候,往往更难找到解决的办法。争吵的双方不会有绝对的输家和赢家,而且其所带来的负面情绪还会持续很久。如果你曾经有过指责他人的经历,不妨回想一下,你听到过多少次他们这样回答你:"对不起,真的很抱歉。我保证下次不再犯这样的错误了。你能不能原谅我?"事实上,这样的保证一点效果也没有,那么我们何不停止争吵和愤怒呢?

误解二:克制怒气是软弱的表现

俗话说"会哭的孩子有奶吃",而"老实人总是吃亏"。由于很多人存在这样的错误认识,在受到他人的指责或辱骂时,便认为自己如果不把怒气发泄出去就是软弱的表现,就会被看成是软弱的人,而宣泄怒气就等于心理上的坚强。也有的人认为,如果不通过表达愤怒来"捍卫"自己的权威,就会永远被别人压制。

事实上，一个人是否坚强与愤怒与否没有根本的关系，而关键在于他有没有能力处理当下的状况，让事情朝着自己希望的方向发展。也就是说，如果不愤怒也能顺利地解决问题，那才是真正的坚强。我们必须有长远的眼光，清楚自己的立场，并根据这样的立场做人和处事，这绝对比一味地愤怒来得有效。而一味地愤怒，带来的结果只是让自己更加生气，对解决事情毫无用处。

值得肯定的是，愤怒确实发挥了一个重要的功能：它可以让我们更清楚自己有哪些需求还没有获得满足，不过也仅限于此。如果我们直接将怒气宣泄出来，那也是无益于解决自己的这些需求的。

误解三：表达愤怒可以有效掌控一切

表达愤怒是将我们自己内心的感受或是诉求传递给对方，让对方了解自己的感受或者体会我们的诉求，这样一来，我们就可以更好地掌控当下的状况。不过，事实可能会让我们失望，愤怒往往会让我们更加无法掌控状况。

在我们愤怒的时候，我们并不知道别人会做出什么反应。比如，对方可能不会顺从和屈服，而是直接对我们进行反击，向其他人说我们的坏话，或用其他方式报复我们。因此，事情完全向着我们无法控制的方向发展。

我们知道，愤怒时候一旦说出某些话，就很难再收回。我们之所以生气或批评别人，目的是期待对方能够意识到他们的行为对我们造成的影响，进而主动改变他们的行为。但是，没有人愿意听批评，更不用说接受我们批评时的意见了，这样做的后果只能是让对方更讨厌我们，因此，请别再试着用愤怒去控制他人。

⚡ 有效处理愤怒的九个步骤

第一步：明确你愤怒背后的情感，即是什么感觉引发了你的愤怒。每当愤怒的时候，你不妨问问自己："处在愤怒中，我的真实感受如何？是感到挫折、害怕、痛苦、羞辱，还是感到被人忽视、伤害呢？"

第二步：当你明白了是怎么回事之后，冷静下来，和那个让你愤怒的人聊一聊。在聊天的过程中，你必须表现得很自信，最好使用带有"我"的字句来交流你的情感，而不要去挖苦讽刺、谩骂或报复对方。比如，如果你感到遭到了背叛，可以这样告诉对方："我和你在一起谈论×××，我希望你不要把我说的话告诉别人，这样会让我很难堪，我真的很生气，我相信你今后不会这样做了。"

第三步：与对方聊天的时候，不要使用一些带有刺激性的话语去打击对方，否则会使彼此的关系更加紧张。比如，"你这个没有文化的人"或"你就是个失败者"，这样的话会损害他人的自尊。更不要出现威胁要断绝关系的话语，否则会导致不可挽回的伤害。

总之，愤怒的时候不要说出任何令自己后悔的话。

第四步：不要挖苦讽刺、侮辱或羞辱对方，这样的报复是不妥的。如果有人做了惹怒你的事或说了激怒你的话，你进行讽刺或侮辱对方是不会有任何好处的，你要做的是告诉对方你的感受，以及他做的事或说的话为何让你生气。或许对方可能并不是故意要激怒你，或者根本没想到你会在意这些话。你这样做让对方意识到了问题——你不愿受到那样的威胁、听到那样的话。

第五步：冷静下来思考，然后再做出回应。愤怒往往让人很容易冲动，从而做出不经过思考的举动。所以，当你因为某事和别人争吵的时候，请放慢你的节奏，冷静下来想想当下发生的事情，然后再做出回应。理智的话语总比愤怒时头脑中闪现的那些话更有助于解决问题。另外，你还需要仔细聆听对方的话。

每个人在受到来自他人的批评时，都会做出一定的自我防卫，这是人的自然反应。我们在面对这种情况时不要立即进行反击，而应弄清楚对方想要传达给我们的潜在信息。比如，孩子抱怨你总是不陪他玩，你就不要进行自我辩解，说自己工作很忙，反驳他不懂事，这样孩子只会更加不快，你应尽量体谅孩子缺少你的关爱的感受。

第六步：不要对别人进行殴打、推搡、挤碰、挥拳头、抓扯或其他任何形式的身体侵犯。如果你感到无法控制自己，那么就离开现场。你无须为自己辩解。为了保护你自己，也为了保护对方，你只需尽快离开。

第七步：是时候让你自己彻底地冷静下来了。遭受他人的指责或处于争执的环境中，很容易出现失控的倾向，这个时候你应该稍事休息。出去散一小会儿步，或者找一个地方坐下来思考一下发生的事。等到你平静下来之后，再回到原来的地方，找对方讨论一下让你愤怒的事情。

第八步：找到可以发泄你愤怒的健康途径。当你不可能与激怒你的人对话或者当对话会使你继续愤怒时，对话就不是一个好办法。在这种情况下，你最好采用运动的方法来发泄愤怒。

第九步：进行到这一步，你应该做出相应的总结了。比如，你在愤怒的争吵中扮演了怎样的角色，以及失去或得到了什么。这会让你学会对冲突负责，使你不再将责任归咎于他人，由此增强你的情绪控制力，从而更好地管理你的内心和生活。

⚡ 管理愤怒的三大禁忌

改变愤怒的情绪不是轻而易举的。你可能会自信地以为自己看过很多关于管理愤怒的书籍，已经可以在这条路上稳步地前进了。但现实要残酷得多，你的实际情况是今天前进两步，明天后退一步。

其实，改变愤怒的情绪就好比减肥、戒烟、养成跑步的习惯一样，它是一条迂回、艰辛、充满挫折与失败的道路，需要你坚持下去。

在整个过程中，你应该把重点放在每一次取得的成功上，哪怕是一点点的进步，而不要太在意某一次的失败。管理愤怒的困难主要在于它很容易蒙蔽我们的判断力，使我们说出或做出事后感到后悔的话语或行动。这种失败的感受，会打击我们继续前进的动力，让愤怒再一次降临。

所以，愤怒不可能一下子离我们而去，它可能会反复地出现。为此，我们只有做好充足的准备，才能够做到真正有效地管理愤怒。而当我们发现自己的判断力遭到蒙蔽时，不妨记住以下三个注意事项。

禁忌一：愤怒时不要批评他人

虽然我们提倡要有宽宏大量的心胸，但大多数人其实都不可能做到面对别人的批评时毫不在意。尤其是当这些批评掺杂了愤怒的字眼时，我们就会更加难以控制自己。

即使是一些充满建设性的批评，同样也很难让人接受。在当事人看来，同样被认为是伤害性的抨击。这事换作自己也一样。比如，在听到别人用生气的口吻批评我们时，我们通常也会怼回去，用愤怒来保护自己，不想听对方的任何一句话。因此，如果想要听取对方的意见或批评，请保持心平气和。

禁忌二：愤怒时不要使用暴力

暴力本身就是一种非常有害的行为，尤其是愤怒的人更容易出现暴力行为。暴力包括语言暴力和肢体暴力。

语言暴力不但会刺伤人，还可能给人造成永远的心理伤害。有些遭受过语言暴力的人心里会自卑，比如："你这个没用的家伙。""我看你一辈子也就这样了。"如果在愤怒的时候，骂对方："你给我滚出去，永远也别回来。"这种伤害会长期地停留在对方的内心。

肢体上的暴力，不管是扇耳光，还是打屁股，都应该是被禁止的。这样做不仅会造成伤害,还会让彼此的怒气不断升高。当你意识到自己就快忍不住使用语言暴力或肢体暴力时,请立即离开现场。

禁忌三:愤怒时不要威胁他人

在愤怒的争吵当中,你的激动和怨恨会使你真的永远都不想再见到对方了。然后你恼羞成怒地说:"你要是敢离开家门,那就永远别回来了。"这些字眼对听者而言是非常可怕的,尤其是对年幼的孩子。然而,很多父母经常喜欢用恐吓的话语来威胁孩子,他们知道孩子最害怕遭到抛弃,于是就用这种恐吓来使孩子听从命令,而且屡试不爽。但这种愤怒的威胁对孩子的健康成长是有巨大影响的。

成年人同样会遭遇这样的威胁。比如,有些人在暴怒时会以"要结束彼此的关系"来威胁对方,大声叫嚷着"我要和你断绝关系!""我不想和你过了!"之类的话,这种威胁带来的结果就是让矛盾变得更加激化,让已经障碍重重的沟通变得更困难。

其实,我们在愤怒时讲出来的话虽然大多是无心的,但我们还是忍不住要说出来,即使明知道这些话杀伤力巨大。比如,"我不再爱你了""我不要你了""我不会再和你说一句话了"……这些话都可能给对方造成极深的伤害或永久的伤疤,所以切忌说出口。

总之,愤怒的管理是十分复杂的,你需要知道哪些事该做和哪些事不该做,哪些话该说和哪些事不该说,还要记得什么时候该保持冷静,什么时候要采取措施。所以,请尽量学会用健康的方式来管理愤怒。一旦你具备了克制愤怒的强大控制力,那么,不仅你的生活会充满快乐,你还会影响他人,使他人也变得快乐起来。

POSTSCRIPT 后记

接受愤怒的自己，重获力量

愤怒情绪是可以被管理的。人是可以做出改变的。读到这里，你已经很清晰地认识到了愤怒对一个人的影响，甚至掌握了一些应对愤怒的方法，能够理性地应对愤怒了。

然而，人都会犯错，你依旧会发现自己一次又一次地有愤怒的倾向。你可能会疑惑为什么了解了这些关于愤怒的知识，自己还是无法完全平静下来。面对这种情况该怎么办呢？

首先，先接受愤怒的自己吧！无论你看过多少关于愤怒的书籍，还是咨询过多少心理医生，愤怒都不可能彻底地、完全地消失。你所能做的就是接受它，然后管理它。

之所以这么做，是因为接受愤怒，就是接受你自己，这样你会认为愤怒是不好的、具有伤害的情绪，进而想方设法地去改变它。反之，如果因自己有愤怒情绪而不断责备、否定自己，你只会在愤怒中越陷越深，最终被怒火吞没。

当然了，接受愤怒的自己需要勇气和力量。只要你这样做了，就代表你迈出了改善生活的第一步。你要意识到自己的愤怒情绪，而不是让他人来告诉你；你必须为自己的愤怒情绪负起责任，而不是一味地发泄。

其次，你就要努力做出改变了。所谓"冰冻三尺，非一日之寒"，不要期待一下子就能让自己蜕变。在应对愤怒的整个过程中，你的状态可能会时好时坏，千万不要因为一时的失败而灰心丧气。及时肯定你的进步，只要自己面对一件糟糕的事情时不再愤怒，就应该鼓励自己。

记住，改变是一股强大的力量，它能够让你化愤怒为力量，它将助你轻松地驾驭愤怒的情绪，让一切得到控制。总之，不要再试图用愤怒去控制、惩罚他人，也不要将愤怒对准自己，而应该将愤怒转化为激励自己、巩固自己决心的力量。